移动电子商务

（第2版）

主　编　宋　磊
副主编　陈　宇　林宝灯

北京理工大学出版社
BEIJING INSTITUTE OF TECHNOLOGY PRESS

内容简介

本书立足于应用型本科高校电子商务专业的教学特点，由浅入深地介绍了移动电子商务的相关概念和实践应用，其中包括移动电子商务概述、移动电子商务技术基础、移动电子商务营销、移动电子商务支付、移动电子商务物流、移动电子商务娱乐、移动电子商务价值链与商业模式、移动电子商务安全、移动云计算与移动大数据、跨境移动电子商务十章内容。本书通过这十章内容，较为系统、全面地阐述了移动电子商务最重要的知识模块。

本书内容形式丰富、模块多样化。在每章开篇设置有"知识目标""素养目标""导入案例"模块；在章节中使用大量的最新案例作为实验指导；在每章最后均设置了"本章小结""关键术语""配套实训""课后习题"等模块。

本书内容全面、学练结合、内容新颖、实用性强，可作为电子商务及相关专业学生学习移动电子商务的实用教材，也可以作为电子商务从业人员的相关参考用书。

版权专有　侵权必究

图书在版编目（CIP）数据

移动电子商务 / 宋磊主编. --2 版. --北京：北京理工大学出版社，2024.4

ISBN 978-7-5763-3757-0

Ⅰ.①移… Ⅱ.①宋… Ⅲ.①移动电子商务 Ⅳ.①F713.36

中国国家版本馆 CIP 数据核字（2024）第 067135 号

责任编辑：李慧智　　**文案编辑**：李慧智
责任校对：王雅静　　**责任印制**：李志强

出版发行 / 北京理工大学出版社有限责任公司
社　　址 / 北京市丰台区四合庄路 6 号
邮　　编 / 100070
电　　话 / (010) 68914026（教材售后服务热线）
　　　　　　(010) 68944437（课件资源服务热线）
网　　址 / http://www.bitpress.com.cn

版 印 次 / 2024 年 4 月第 2 版第 1 次印刷
印　　刷 / 三河市天利华印刷装订有限公司
开　　本 / 787 mm×1092 mm　1/16
印　　张 / 11.25
字　　数 / 261 千字
定　　价 / 72.00 元

图书出现印装质量问题，请拨打售后服务热线，负责调换

前言

目前，我国移动互联网迅猛发展，并且日益成熟。同时，近几年基于移动互联网的移动电子商务也有了快速发展。中商产业研究院发布的《2011—2021年中国电子商务行业发展前景及投资机会研究报告》数据显示，2021年中国移动网购交易规模已超过42.3万亿元，且未来依旧会保持高速增长。

党的二十大报告指出，要加快发展数字经济，促进数字经济和实体经济深度融合，打造具有国际竞争力的数字产业集群。而移动电子商务是数字经济最主要的组成部分，是数字经济发展的强大动力，加之移动电子商务发展迅猛，从而引发了移动电子商务技能型人才的巨大需求。目前，各院校都很重视移动电子商务应用型和技能型人才的培养，在移动电子商务课程的教学中，注重通过校企合作或鼓励学生尝试使用移动电子商务平台进行创业等方式，积极培养应用型和技能型的移动电子商务人才。为了进一步适应移动电子商务发展的需要，加强对移动电子商务技能型人才的培养，应用型高校电子商务专业移动电子商务相关课程教学的教材建设与开发迫在眉睫。本书以移动电子商务的应用为主线，以重点知识内容为节点，通过导入最新的案例，结合相关视频链接，突出了书本理论与实践相结合的原则。具体来说，本书的特点为：体例新颖，安排合理，易教易学。本书按照"知识目标→素养目标→导入案例→分节内容→本章小结→关键术语→配套实训→课后习题"的思路编排每个章节，这样既便于老师"教"，又便于学生"学"，而且可以学以致用。本书在讲解知识点时，力求做到概念准确、语言精练、通俗易懂；在选取案例时力求做到内容丰富、针对性强。其中，引导案例是章节开篇的案例，通过一些具有代表性的移动电子商务案例引出本章的知识内核并据此设置讨论，让学生带着问题去学习，具有可操作性强、针对性强等特点，用以提高学生的实战能力，帮助学生加深对所学知识的理解，并能举一反三。

《移动电子商务（第2版）》是如下教学团队和项目的研究成果：2022年福建省本科高校教育教学研究项目"数字经济背景下电子商务应用型人才培养模式创新研究"（FBJG20220250）；2021年福州市科技特派员项目支持（项目编号：JXH2022006）；2018年

福建省级本科教学团队——电子商务创新创业实战实验教学型本科教学团队（项目编号：18SJTD04）。

  本书由福建江夏学院宋磊教授主编，另有陈宇、林宝灯参与编写。本书的编写得到了福建江夏学院王洪利教授、马莉婷教授的大力支持，得到了福建江夏学院-福州辰锦网络科技有限公司实践教学与创新创业教育基地提供的实践机会和技术支持；同时参考了国内同行的许多著作和文献，引用了部分资料，在此一一并表示诚挚的谢意。

  由于编者水平有限，加之时间仓促，且移动电子商务技术发展日新月异，尽管在编写过程中已力求全面，但存在不妥之处在所难免，在此恳请各位专家、读者给予批评指正。

编　者

2023 年 12 月

目录

第一章　移动电子商务概述 ……………………………………………………（001）
　　第一节　移动电子商务概述 …………………………………………………（002）
　　第二节　移动电子商务的兴起 ………………………………………………（010）
　　第三节　移动电子商务的发展 ………………………………………………（012）
　　第四节　移动电子商务带来的革命 …………………………………………（014）

第二章　移动电子商务技术基础 ………………………………………………（022）
　　第一节　移动通信技术概述 …………………………………………………（023）
　　第二节　移动无线互联网 ……………………………………………………（032）
　　第三节　移动通信终端 ………………………………………………………（035）
　　第四节　移动通信操作平台及系统 …………………………………………（036）

第三章　移动电子商务营销 ……………………………………………………（041）
　　第一节　移动电子商务营销概述 ……………………………………………（042）
　　第二节　移动电子商务营销模式 ……………………………………………（044）
　　第三节　App 营销 ……………………………………………………………（046）

第四章　移动电子商务支付 ……………………………………………………（052）
　　第一节　移动电子商务支付概述 ……………………………………………（053）
　　第二节　移动电子商务支付类型 ……………………………………………（056）
　　第三节　移动电子商务支付系统 ……………………………………………（058）
　　第四节　移动电子商务支付安全与风险防范 ………………………………（062）

第五章　移动电子商务物流 ……………………………………………………（069）
　　第一节　移动电子商务物流概述 ……………………………………………（070）
　　第二节　移动电子商务物流供应链管理 ……………………………………（072）
　　第三节　移动电子商务物流配送 ……………………………………………（076）
　　第四节　移动电子商务物流设备和技术 ……………………………………（082）

第六章　移动电子商务娱乐 ……………………………………………………（088）
　　第一节　移动电子商务娱乐概述 ……………………………………………（089）

  第二节 移动游戏……………………………………………………………（091）
  第三节 移动电视……………………………………………………………（099）
  第四节 移动阅读……………………………………………………………（102）

第七章 移动电子商务价值链与商业模式……………………………………（106）
  第一节 移动电子商务价值链………………………………………………（107）
  第二节 移动电子商务的主要商业模式……………………………………（110）

第八章 移动电子商务安全……………………………………………………（119）
  第一节 移动电子商务的安全问题…………………………………………（120）
  第二节 移动电子商务主要的安全威胁形态……………………………（123）
  第三节 移动电子商务的安全技术…………………………………………（127）

第九章 移动云计算与移动大数据…………………………………………（133）
  第一节 移动云计算概述……………………………………………………（134）
  第二节 移动云计算服务模型………………………………………………（136）
  第三节 移动云计算应用……………………………………………………（137）
  第四节 移动大数据…………………………………………………………（141）

第十章 跨境移动电子商务……………………………………………………（147）
  第一节 跨境移动电子商务概述……………………………………………（148）
  第二节 跨境移动电子商务平台……………………………………………（151）
  第三节 跨境审核认证及跨境监管………………………………………（164）

参考文献……………………………………………………………………………（172）

第一章 移动电子商务概述

知识目标

(1) 掌握移动电子商务的概念、特征及分类。
(2) 熟悉移动电子商务的发展过程。
(3) 了解移动电子商务的发展趋势。
(4) 了解移动电子商务给人们的工作和生活带来的变革。

素养目标

(1) 学会分析移动电子商务与传统电子商务的不同，培养与时俱进、勇于突破创新的精神。
(2) 掌握移动电子商务带来的革命，引领学生产生技术自信，激发学生的自主创新热情。

导入案例

随着智能手机的进一步普及、4G通信技术的日趋完善、5G通信技术的迅速发展，近两年来，中国资本市场加大了对新型移动电子商务企业的投资力度，掀起了新一轮的移动电子商务投资热潮。

网络零售交易额逐年攀升

在市场规模方面，iiMedia Research（艾媒咨询）数据显示，2022年中国网络零售市场交易额达137 853亿元，同比增长4%。其中，实物商品网上零售额11.96万亿元，同比增长6.2%，占社会消费品零售总额的比重为27.2%。

在用户规模方面，艾媒咨询数据显示，截至2022年6月，我国网络购物用户规模达到8.41亿人，占网民整体的80%。为了抢占市场份额，各大电商平台向物流升级与数据争夺、加强品质把控、海外合作对接、布局VR/AR提高购物体验等领域拓展，不断优化自身平台竞争力，吸引更多用户尝试移动端的网购。

消费者电商网购期望高，移动电子商务平台发力品质把控

移动端的碎片化购物体验相比于传统电商购物体验具有先天性优势，它让网购更加快捷便利，这是移动电子商务的竞争优势之一。艾媒咨询数据显示，在购物平台选择的优先考虑因素方面，59.5%的受访者认为是商品质量，而认为是商品价格和商品种类丰富度的受访者占51.1%和44.4%。艾媒咨询分析师认为，从根本上来说，网购商品的质量才是吸引、留住用户的关键。用户网购更关注商品质量，对网购商品品质的期望较高。

针对用户追求网购商品质量这一需求，众多移动电子商务平台对自身商品品质进行把控，如网易严选上线严选模式，通过严格甄选、把控货品来满足消费者的深层需求。于是，严选模式受到了各移动电子商务平台的追捧：小米的米家有品、阿里巴巴的淘宝心选、蜜芽的兔头妈妈甄选、云货优选等纷纷上线。这些"严选"平台为商品品质把关，帮助消费者降低商品挑选成本，同时满足用户对商品高品质和高性价比的需求。

微信平台带来流量红利，社交化电商发展成趋势

微信自带社群属性，本身拥有巨大的用户流量和公众号资源。当前微信支付功能已相对完善，使得微信发展电商行业的潜力大大增加，各大电商平台也注重布局微信平台，如唯品会和腾讯、京东的战略合作，接入腾讯、京东提供的入口，进行精细化运营磨合。艾媒咨询分析师认为，传播是电商发展的关键环节之一，小程序拥有微信的用户流量，给中小卖家带来一定助力。目前电商领域仍是互联网三巨头之一腾讯的短板，未来腾讯或许会借助微信发力移动电子商务行业。

传统电商已经无法满足用户日益增长的需求，以互联网为依托的新零售或成未来移动电子商务零售新风口。移动电子商务依托高科技，通过先进技术手段，对商品的生产、流通与销售过程进行升级改造，进而重塑业态结构与生态圈。

此外，移动电子商务行业受资本市场追捧，移动电子商务行业未来的竞争将会进一步升级。用户愈发注重商品品质和个性化，各类细分市场受到追捧，垂直领域成新趋势。在此背景下，寡头垄断局面开始弱化，移动电子商务行业甚至会加速"天猫""京东"的双寡头竞争市场的瓦解。

讨论：移动电子商务发展的切入口会是"逛"、搜索还是社交？

第一节　移动电子商务概述

一、移动电子商务的定义

移动电子商务是人类创造和应用电子工具，与改造和发展商务活动相结合的产物。其产生的原动力是信息技术的进步和社会商业的发展。随着移动通信、数据通信和互联网的融合越来越紧密，整个世界正在快速地向移动信息化社会演变。在商务领域，移动电子商务大大扩展了电子商务的应用范围。

从宏观上讲，电子商务是计算机网络的第二次革命，是通过电子手段建立一个新的经济秩序，它不但涉及商业交易本身，而且涉及金融、税务、教育等社会其他层面，而移动电子商务是继电子商务之后计算机网络的又一次创新，通过互联网和移动通信技术的完美结合将电子商务推向更高的水平，利用移动通信的各种终端将电子商务带给用户。

从微观上讲，电子商务是各种具有商业活动能力的实体（生产企业、商贸企业、金融机构、政府机构、个人消费者等）利用网络和先进的数字化传媒技术进行的各项商业贸易活动。然而，完整的商业贸易过程是复杂的，包括了解商情、询价、报价、发送订单、应答订单、发送货物、通知送货、发送取货凭证、支付汇兑等过程，此外还涉及行政过程的认证等行为。因此，严格地讲，只有上述所有贸易过程都实现了无纸贸易，即全部是非人工介入，使用各种电子工具完成，才能称为完整的电子商务。

因此，一般而言，电子商务应包含以下五点含义：①采用多种电子通信方式，特别是通过互联网；②实现商品交易、服务交易（包括人力资源、资金、信息服务等）；③包含企业间的商务活动，也包含企业内部的商务活动（生产、经营、管理、财务等）；④涵盖交易的各个环节，如询价、报价、订货、结算及售后服务等；⑤采用电子方式是形式，跨越时空、提高效率、节约成本是主要目的。

相比较而言，微观上移动电子商务是指各种具有商业活动能力的实体利用网络和先进的移动通信技术进行的各项商务贸易活动。通过移动电子商务，用户可随时随地获取所需的服务、应用、信息和娱乐，他们可以在自己需要的时候，使用智能电话或掌上电脑、笔记本式计算机等通信终端查找、选择及购买商品和服务。可见，电子商务将商务活动网络化与电子化，而移动电子商务是将固定通信网的商务活动提升到移动网。移动电子商务的主要特点是灵活、简单、方便。它能完全根据消费者的个性化需求和喜好定制，设备的选择、提供服务与信息的方式完全由用户自己控制。

综合以上分析，可以将移动电子商务定义为各种具有商业活动能力和需求的实体（各种形式的企业、政府机构、个人消费者等），本着跨越时空限制、提高商务活动效率及节约商务活动成本的目的，在电子商务的基础上利用计算机通信网络、移动通信技术和其他数字通信技术等电子方式实现商品和服务交易的一种贸易形式。具体来说，移动电子商务（M-Commerce）就是利用手机、掌上电脑及便携式计算机等无线终端进行的B2B（Business-to-Business）、B2C（Business-to-Consumer）或C2C（Consumer-to-Consumer）的电子商务。它将互联网移动通信技术、短距离通信技术及其他信息处理技术完美地结合，使人们可以在任何时间、任何地点进行各种商贸活动，实现随时随地、线上线下的购物与交易、在线电子支付及各种交易活动、商务活动、金融活动和相关的综合服务活动等。

二、移动电子商务的内涵

1. 移动电子商务是人类社会发展的需求

人类社会发展的总趋势是由技术经济的低级状态向高级状态转变。从人类技术发展历史看，以往的各种技术已经把人类社会的物质文明提升到了一个相当高的程度。但是，以往的技术发明和创造主要是针对开发和利用自然界的物质、能源的，而自然界的物质、能源是有限的，许多是不可再生的。因此以计算机为代表的电子信息技术的发明和利用，主要是针对人的知识获取、智力延伸，是对自然界信息、人类社会信息进行采集、储存、加工、处理、分发、传输等。在电子信息技术的帮助下，当代人类可以很好地集成经验和智慧，从而吸取前人的教训，大大扩充人类的知识。所以，当今社会技术的代表应当是电子信息技术，它是开发和利用信息资源（充分共享、再生、整合、产生新的信息）的有效工具。

按马克思的观点，人类社会的划分标志不是看社会能生产什么，而是看社会拿什么来生产，即生产工具的制造和利用，这既是人类区别于其他动物的标志，又是人类社会各发展阶段的标志。从这个角度出发，今天的社会应该被称为电子信息社会或信息时代。在信息时代，信息技术的应用已经渗透到人类社会、经济等各个领域。在经济全球化的今天，各个国家的商务实体需要随时随地在全球范围内进行采购、订货、生产、配送、交易、结算等一系列的经济活动，所有的商流、信息流、资金流、物流等贸易要素都在全球范围内流动，因此，商务活动主体也要具备流动性。在这种情况下，用电子商务方式来获取这些流动的信息已不能满足人们的要求，这就使得移动电子商务在此基础上发展起来。现在，美国、日本、西欧等发达国家和地区在移动电子商务的研究和利用上已初具规模，而新兴的发展中国家这几年也开始注重移动电子商务的开发利用。

2. 移动电子商务的关键因素是人的知识和技能

首先，移动电子商务是一个社会性的系统，而社会系统的中心所组成的关系网是人；其次，移动电子商务系统实际上是围绕商品交易的各方面代表和各方面利益的人组成的关系网；最后，在移动电子商务活动中，虽然十分强调工具的作用，但使用者仍然是人。而一个国家或地区能否培养出大批这样的复合型人才，成为该国、该地区电子商务发展好坏的决定性因素。

3. 移动电子商务的工具是系列化、系统化、高效稳定的电子工具

从广义来讲，移动电子商务重点强调主体的移动性。商务信息是客观存在的，并且具有很强的流动性，所有的商流、信息流、资金流、物流等贸易因素都在全球范围内流动，因而商务活动主体也要具备流动性，只要人们能随时随地进行商务活动，就可以称为移动电子商务。这里的移动电子商务工具不但包括适用于互联网（Internet）的手机、笔记本式计算机、掌上电脑等，也包括电子商务工具，如在外面人们可以使用手机上网，在家或公司仍可以用个人电脑（PC）上网。可以看出，广义的移动电子商务所应用的商务工具具有广泛性，它保证的是人的移动性，而本书所探讨的是狭义的移动电子商务，即具有很强的时代烙印的高效率、低成本、高效益、高安全性的移动电子商务。因而，重点讨论的移动电子工具就不是泛泛而谈的一般性电子工具，而是能跟上信息时代发展步伐的系列化、系统化的移动电子工具。

从系列化来讲，移动电子工具应是能够满足包括商品的需求咨询、商品订货、商品买卖、商品配送、货款结算、商品售后服务等，伴随着商品生产、流通、分配、交换、消费甚至再生产全过程的移动通信工具，如移动电话、笔记本式计算机、掌上电脑、商务通等，可以完成电子商务的所有商务程序，而且具有高效率、低成本的特性。

从系统化来讲，商品的需求、生产、交换要构成一个有机的整体，形成一个庞大的系统，同时，为了防止"市场失灵"，还要将政府对商品生产、交换的调控引入该系统，而达到此种目的的移动电子工具主要有移动局域网（Mobile Local Area Network，MLAN）、移动城市网（Mobile City Area Network，MCAN）和移动广域网（Mobile Wide Area Network，

MWAN）。系统化的移动电子工具必然是将移动通信网、计算机网络和信息网相结合，且实现了纵横结合、宏微结合，反应灵敏，安全可靠，跨越空间的移动电子网络，有利于大到国家间，小到零售商与顾客间的方便、可靠的移动电子商务活动。

三、移动电子商务的特点

移动电子商务的主要特点是灵活、简单、方便。移动电子商务不仅能在互联网上提供直接购物，还是一种全新的销售渠道，它全面支持移动互联网业务，可实现电信、信息、媒体和娱乐服务的电子支付。移动电子商务能完全根据消费者的个性化需求和喜好定制，设备的选择、提供服务与信息的方式完全由用户自己控制。通过移动电子商务，用户可随时随地获取所需的服务、应用、信息和娱乐，不受时间和空间的限制，这从本质上完善了商务活动。

用户还可以在自己方便时，使用智能电话或掌上电脑查找、选择及购买商品和各种服务；采购可以即时完成，商业决策也可以马上实施；服务付费可以通过多种方式进行，可直接转入银行、用户电话账单或者实时在专用预付账户上借记以满足不同需求。对于企业而言，这种方式更提高了工作效率，降低了成本，扩大了市场，必将产生更多的社会效益和经济效益。

与传统电子商务相比，移动电子商务具有明显优势，主要表现在以下几个方面：

1. 不受时空限制

同传统电子商务相比，移动电子商务的一个最大优势就是移动用户可随时随地获取所需的服务、应用、信息和娱乐。移动电话的特性就是便于人们携带，而且只要用户开机，一般都可以享受 24 小时的全天服务。移动电子商务这一特性使得用户可以更有效地利用空余时间从事商业活动。他们可以在自己方便时，使用智能电话或掌上电脑查找、选择及购买商品和服务，也可以在旅行途中利用可上网的移动设备从事商业交互活动，如商务洽谈、下订单等。虽然当前移动通信网的接入速率还比较低，费用也比固定网高，但随着下一代移动通信系统的推出和移动通信市场的竞争激烈，这些因素的影响将逐渐淡化。

另外，移动电子商务不受时空限制的特性也体现在接入的便利性上。电子商务系统的接入必然受到地理位置的限制，而移动电子商务的接入方式更具便利性，它可使人们免受日常烦琐事务的困扰。例如，消费者在排队或遇到交通阻塞时，可以进行网上娱乐或通过移动电子商务处理一些日常事务。由于接入的便利性带给了消费者舒适的体验，这将使得顾客更加忠诚。因此，移动电子商务中的通信设施是传送便利的关键。

2. 更好的个性化服务

移动电子商务的提供者可以更好地发挥主动性，为不同顾客提供定制化的服务。例如，依赖于包含大量活跃客户和潜在客户信息的数据库，从而开展具有个性化的短信息服务活动。

此外，利用无线服务提供商提供的人口统计信息和基于移动用户当前位置的信息，商家还可以通过具有个性化的短信息进行有针对性的广告宣传，从而满足客户的需求。总之，移动电子商务为个性化服务的提供创造了很好的条件。

3. 可识别性

与 PC 的匿名接入不同，移动电话的内置 ID 支持安全交易。移动设备通常由单独的个体使用，这使得商家更易实现基于个体的目标营销，并且通过 GPS 技术，服务提供商可以十分准确地识别用户。随着时间和地理位置的变更而进行语言、视频的变换，移动电子商务提供了为不同的细分市场发送个性化信息的机会。

正是由于移动电子商务中用户的可识别性，移动电子商务比 Internet 上的电子商务更具有安全性。移动电话已经具备了非常强大的内置认证特征，因此它比 Internet 更适合电子商务。手机所用的 SIM 卡在移动电子商务中的作用就像身份证在社会生活中所起的作用一样，因为 SIM 卡上储存着用户的全部信息，可以确定一个唯一的用户身份，这对于电子商务来说就有了认证安全的基础。

4. 潜在用户规模大

目前我国的移动电话用户是全球之最，显然，从电脑和移动电话的普及程度来看，移动电话远远超过了电脑。而从消费用户群体来看，手机用户中基本包含了消费能力强的中高端用户，而传统的上网用户以缺乏支付能力的青少年为主。由此不难看出，以移动电话为载体的移动电子商务不论在用户规模上，还是在用户消费能力上，都优于传统的电子商务。

5. 更好确认用户身份

传统的电子商务一直存在用户的消费信用问题，而移动电子商务在这方面显然拥有一定的优势。手机号码具有唯一性，手机 SIM 卡片上存贮的用户信息可以确定一个用户的身份，随着手机实名制的普遍推行，身份确认越来越容易。对于移动商务而言，这就有了信用认证的基础。

6. 信息的获取更为及时

在固定网络的电子商务中，用户只有在向系统发出请求时，系统才会根据要求反馈一些数据信息。这无形中为用户获取信息附加了一些潜在的前提条件，如具备网络环境，要有时间、有意愿主动索取信息。这将导致信息不能完全及时地被获取。

而在移动电子商务中，移动用户可随时随地访问信息，这本身就实现了信息获取的及时性。更需要强调的是，同传统的电子商务系统相比，移动电子商务的用户终端更具有专用性。从运营商的角度看，用户终端本身就可以作为用户身份的代表。因此，商务信息可以直接发送给用户终端，这进一步增强了移动用户获取信息的及时性。

7. 基于位置的服务

移动通信网能获取和提供移动终端的位置信息，与位置相关的商务应用成为移动电子商务领域中的一个重要组成部分。不管移动电话在何处，GPS 都可以识别电话的所在地，从而为用户提供相应的个性化服务，这给移动电子商务带来了传统电子商务无可比拟的优势。利用定位技术，各提供商将能够更好地与某一特定地理位置上的用户进行信息的交互。

8. 支付更加方便、快捷

在移动电子商务中，用户可以通过移动终端访问网站、从事商务活动；服务付费可通过多种方式进行，可直接转入银行、用户电话账单或者实时在专用预付账户上借记，以满足不同需求。从移动电子商务的特点来看，移动电子商务非常适合大众化的应用。互联网与移动技术的结合为服务提供商创造了新的机会，使之能够根据客户的位置提供个性化服务，从而建立并加强和客户的关系。

四、移动电子商务的分类

移动电子商务可以从服务类型和商务形式等不同的角度进行分类。

1. 按服务类型划分

移动电子商务可提供的服务分为以下三个方面：

1）推式服务

传统 Internet 的浏览是一种自助餐形式，容易造成资源浪费。移动电子商务的推式服务（Push）就是客房式服务，根据用户的爱好，把所需的各种服务，如时事新闻、天气预报、股票行情、彩票中奖公布、交通路况信息、招聘信息和广告等信息送到"客户房间"，这就避免了资源浪费，是一种个性化的信息服务。

2）拉式服务

拉式服务（Pull）类似于传统的信息服务，如查询电话号码、旅游信息、航班、影院时间安排、火车时刻表、产品信息等。

3）交互式服务

交互式服务是移动电子商务提供的最常用的服务方式，包括：使用"无线电子钱包"等具有安全支付功能的移动设备进行购物；在商店或自动售货机上进行预订机票、车票或入场券，并能在票价优惠或航班取消时立即得到通知，也可支付票费或在旅行途中临时更改航班或车次；随时随地在网上进行安全的个人财务管理，通过移动终端核查账户、支付账单、转账及接收付款通知等；游戏或娱乐；信息查询；等等。

2. 按商务形式分类

按商务形式来划分，移动电子商务可分为 B2C、B2B、C2C、O2O（Online to Offline）、G2G（Government-to-Government）、G2B（Government-to-Business）、G2C（Government-to-Consumer）、A2A（Any-to-Any）、P2P（Peer-to-Peer）等多种形式。从目前的国际移动电子商务市场来看，B2C 业务与 B2B 业务仍占据着主导地位，在全球移动电子商务的销售额中所占比例达 80%以上。然而，从移动电子商务的发展未来分析中可以看出，B2C 业务与 B2B 业务发展趋于平稳，A2A 业务与 P2P 业务作为移动电子商务的新型业务将在未来的移动电子商务市场上占有一席之地。

1）B2C

B2C 业务是企业对消费者的商务模式，又称直接通过移动通信终端对用户市场销售，相当于商业电子化的零售业务，主要包括有形商品的电子订货和付款、无形商品和服务产品的销售。其特点是能迅速吸引消费者的注意。

2）B2B

B2B 业务是企业与企业之间通过移动 Internet 进行数据交换、传递，开展丰富的商业贸易活动的商务模式。它主要包括企业与供应商之间的采购行为协调，物料计划人员与仓储、物流公司间的业务协调，销售机构与产品批发商、零售商之间的协调，为合作伙伴与大宗商品客户提供服务等。其特点是具有良好的稳定性，并能迅速为企业带来利润和回报。

3) C2C

C2C 的移动电子商务是个人对个人的商务模式。C2C 模式的特点是消费者与消费者之间的讨价还价。例如，移动手机拍卖、全球性竞价交易网站，每天可以通过 SMS 形式提供数种商品，供移动用户和网上用户竞价，可拥有上万注册用户。C2C 模式的成功来源于它准确的市场定位。运营商根据市场行情，建起一个拍卖交易移动网络，让消费者通过 SMS 自由交易或在该网站上议价，以英式拍卖、集体竞价、标价求购等方式运营，通过提供交易平台和相关服务，收取交易金。

在 C2C 模式背后，目前仍存在物流不畅、信用不高的情况。有些拍卖网站为改善这些情况创造新模式，如本地网站鼓励人们在同一个城市进行网上交易或移动交易，交易者先竞价后通过网上支付或移动电子商务支付进行现金交易。

4) O2O

O2O 又称离线商务模式，是指线上营销、线上购买或预订(预约)带动线下经营和线下消费。O2O 通过打折、提供信息、服务预订等方式，把线下商店的消息推送给互联网用户，从而将他们转换为自己的线下客户，这就特别适合必须到店消费的商品和服务，比如餐饮、健身、看电影和演出、美容美发等。

目前市场上最流行的 O2O 产品模式主要有两种。一种是搜查(search)模式，典型产品如大众点评，使用场景是：当你不知道要吃什么的时候，你可以通过大众点评搜索一个你不熟悉的店铺，然后去消费。另一种则是优惠券(coupon)模式，典型产品如麦当劳优惠券、团购、微信会员卡、Q 卡等，通过给消费者提供打折券、抵用券，吸引消费者去消费。

5) G2G

G2G 是上下级政府、不同地方政府、不同政府部门之间的电子政务应用模式。G2G 主要包括以下内容：

(1) 电子法规政策系统。对所有政府部门和工作人员提供相关的现行有效的各项法律、法规、规章、行政命令和政策规范，使所有政府机关和工作人员真正做到有法可依、有法必依。

(2) 电子公文系统。在保证信息安全的前提下在政府上下级、平行部门之间传送有关的政府公文，如报告、请示、批复、公告、通知、通报等，使政务信息十分快捷地在政府间和政府内流转，提高政府公文处理速度。

(3) 电子司法档案系统。在政府司法机关之间共享司法信息，如公安机关的刑事犯罪记录、审判机关的审判案例、检察机关检察案例等，通过共享信息，改善司法工作效率，提高司法人员综合能力。

(4) 电子财政管理系统。向各级国家权力机关、审计部门和相关机构提供分级、分部门历年的政府财政预算及其执行情况，包括从明细到汇总的财政收入、开支、拨付款项数据及相关的文字说明和图表，便于有关领导和部门及时掌握和监控财政状况。

(5) 电子办公系统。通过电子网络完成机关工作人员的许多事务性的工作，节约时间和费用，提高工作效率，如工作人员通过网络申请出差、请假、文件复制、使用办公设备、下载政府机关经常使用的各种表格、报销出差费用等。

(6) 电子培训系统。为政府工作人员提供各种综合性和专业性的网络教育课程，特别是与信息技术有关的专业培训，工作人员可以通过网络随时随地注册、参加培训课程、参与考试等。

(7)业绩评价系统。按照设定的任务目标、工作标准和完成情况对政府各部门业绩进行科学测量和评估等。

6) G2B

G2B 是政府与企业之间的政务模式,即政府通过电子网络系统进行电子采购与招标,精简管理业务流程,快捷迅速地为企业提供各种信息服务。G2B 主要包括以下内容:

(1)电子采购与招标。通过网络上政府的采购与招标信息,为企业特别是中小企业参与政府采购提供必要的帮助,向它们提供政府采购的有关政策和程序,使政府采购成为阳光作业,减少徇私舞弊和暗箱操作,降低企业的交易成本,节约政府采购支出。

(2)电子税务。企业通过政府税务网络系统,在家或企业办公室就能完成税务登记、税务申报、税款划拨、查询税收公报、了解税收政策等,既方便了企业,又减少了政府的开支。

(3)电子证照办理。企业通过 Internet 申请办理各种证件和执照,如企业营业执照的申请、受理、审核、发放、年检、登记项目变更、核销、统计证、土地和房产证、建筑许可证、环境评估报告等证件、执照和审批事项的办理,缩短办证周期,减轻企业负担。

(4)信息咨询服务。政府将拥有的各种数据库信息对企业开放,方便企业利用,如法律法规及政策数据库、政府经济白皮书、国际贸易统计资料等信息。

(5)中小企业电子服务。政府利用宏观管理优势和集合优势,为提高中小企业国际竞争力和知名度提供各种帮助,其中包括为中小企业提供政府网站入口,帮助中小企业同电子商务供应商争取有利的、能够负担的电子商务应用方案。

7) G2C

G2C 是政府通过电子网络系统为公民提供的各种服务。G2C 主要包括以下内容:

(1)教育培训服务。建立全国性的教育平台,并资助所有的学校和图书馆接入 Internet 和政府教育平台;政府出资购买教育资源,然后提供给学校,重点在于加强对信息技术能力的教育和培训,以适应信息时代的挑战。

(2)就业服务。通过电话、Internet 或其他媒体向公民提供工作机会和就业培训,促进就业,如开设网上人才市场或劳动力市场,提供与就业有关的工作职位缺口数据库和求职数据库信息;在就业管理劳动部所在地或其他公共场所建立网站入口,为没有计算机的公民提供接入 Internet 寻找工作职位的机会;为求职者提供网上就业培训,帮助他们分析就业形势,指导就业方向。

(3)电子医疗服务。政府通过网站提供医疗保险政策信息、医药信息、执业医生信息,为公民提供全面的医疗服务。公民可通过网络查询自己的医疗保险个人账户余额和当地公共医疗账户的情况;查询国家新审批的药品的成分、功效、试验数据、使用方法及其他详细数据,提高自我保健的能力;查询当地医院的级别和执业医生的资格情况,选择合适的医生和医院。

(4)社会保险网络服务。通过电子网络建立覆盖地区甚至国家的社会保险网络,使公民通过网络及时全面地了解自己的养老、失业、工伤、医疗等社会保险账户的明细情况,有利于加深社会保障体系的建立和普及;通过网络公布最低收入家庭补助,增加透明度;还可以通过网络直接办理有关的社会保险理赔手续。

(5)公民信息服务。通过网络公民能够方便、容易、费用低廉地接入政府法律法规数据库;通过网络了解被选举人的背景资料,促进公民对被选举人的了解;通过在线评论和意见反馈,了解公民对政府工作的意见,改进政府工作。

(6)交通管理服务。通过建立电子交通网站加强对交通工具的管理和提供对司机服务。

(7)公民电子税务。允许公民通过电子报税系统申报个人所得税、财产税等个人税务。

(8)电子证件服务。允许居民通过网络办理结婚证、离婚证、出生证、死亡证明等有关材料。

8) A2A

A2A(any to any)指的是在电子商务市场中,任何人与任何人都可以进行的电子商务交易活动。就交易的稳定性和频繁程度来看,B2B、B2G等模式稳定程度高且交易频繁。A2A是电子商务发展的最高阶段,是电子商务大一统及寻常化的时代。

9) P2P

P2P技术为电子商务的发展提供了一条新的途径,基于P2P技术建立的电子商务,可以较好地融合安全性和易用性,促进电子商务在我国的发展。在纯对等网络技术中,不需要中间媒介的参与。P2P可以直接连接到其他用户的计算机交换文件,而不是像过去那样连接到服务器去浏览与下载。P2P另一个重要特点是改变互联网的以大网站为中心的状态,重返"非中心化",并把权力交还给用户。这种技术支持断点续传、MPEG-4视频压缩,满足宽、窄带用户的使用要求,具有使网络更加安全的独特身份认证和数据加密技术,从而使P2P的商务形式越来越受到人们的欢迎,这种形式下的服务包括在Internet上实现面对面交流、远程监控、集群通信、远程教育、互动办公、互动商务等。

第二节　移动电子商务的兴起

近年来,电子商务的发展已经给全球的商务活动带来巨大的影响。进入21世纪后,电子商务充分利用现代信息技术,创造了以Internet为基础的全新商业模式,改变了商业伙伴之间的合作方式,企业或个人可任意在Internet上从事丰富的商务活动。然而,当人们越来越依赖Internet时,才发现自己正在失去自由,越来越被固定的显示器、键盘和鼠标等所禁锢。而这时,一直在飞速发展的无线技术将人们从这种不自由的状态中解救出来。与使用计算机上网相比,无线技术上网几乎不受时间、空间、设备的限制。建立在无线通信平台上的移动电子商务开始兴起。

信息传递从飞鸽传书到固定电话用了几千年的时间,从电话时代到互联网时代用了近百年时间,而互联网兴起十几年后,移动互联网、无线通信就应运而生。随着手机、掌上电脑、便携式计算机等各类移动终端的普及,同时也借助移动通信网络的成功商业化,人类已经进入了移动电子商务时代。如今世界上移动电子商务发展非常迅速,尤其是在亚洲的韩国和日本、北欧的瑞典和芬兰等国家,人们不仅可以随时随地用手机打电话、发短信,还可以支付购物、停车等各种费用,手机银行、移动互联网、移动定位和急救等应用更是早已进入人们的生活。随着中国国内居民消费能力的持续提升与网上购物习惯的逐步养成,2021年中国网络零售额达13.1万亿元,市场交易规模持续增长,同比增长14.1%,增速比去年加快3.2个百分点。在未来,线上线下融合、社交电商、零售品类广泛延伸扩充将成为国内网络零售乃至整个零售市场的重要增长点。

移动电子商务赋予了电子商务新的机遇、内容和动力。有人预言，移动电子商务将决定 21 世纪新企业的风貌，也将改变生活与旧式商业的"地形地貌"。移动电子商务产生和迅猛发展的原因可归结为以下两方面：

一、移动设备的发展和普及

随着移动通信和移动互联网的迅速发展和普及，移动设备在功能、种类、数量和质量方面都得到了飞速发展。移动设备由于体积小、携带方便，并且集中了计算、编辑、多媒体和网络等多种功能，极大地推动了移动电子商务的发展。

作为最常见的一种移动设备，手机的迅速普及带动了移动电子商务的高速发展。截至 2012 年年底，全球手机用户已超过 68 亿，手机普及率接近 100%，全球移动通信渗透率已达 96%，发达国家为 128%，发展中国家的渗透率也高达 89%；早在 2004 年，意大利、瑞典、英国和荷兰的手机拥有率就已经达到甚至超过 100%。这些地方正是移动电子商务最发达的国家和地区。中国也是移动电子商务应用比较领先的国家。这得益于中国的手机普及率。早在 2001 年，中国的手机用户数量就已经达到世界第一。截至 2021 年年底，中国移动电话用户数达 16.43 亿户，其中 4G 和 5G 用户分别达到 10.69 亿户和 3.55 亿户，手机普及率达 99.7%，全年净增 4 875 万户。伴随着移动电话用户规模的增长，我国手机网民数量规模也将持续增长，这说明中国移动电子商务的发展有很大的潜力。

二、移动通信技术的发展

移动通信技术和互联网技术的飞速发展为移动电子商务的发展提供了保障。相对于互联网的发展，移动通信领域是当前发展较快、应用较广和较前沿的通信领域之一，它的最终目标是实现在任何地点、任何时间与其他任何人进行任何方式的无线通信。移动通信目前已从 20 世纪 80 年代的第一代移动通信技术(the First Generation Mobile Communication on Technology, 1G)，发展到 20 世纪 90 年代初时以数字语音传输技术为核心的第二代数字移动通信技术(the Second Generation Mobile Communication on Technology, 2G)，再到第三代数字移动通信技术(the Third Generation Mobile Communication on Technology, 3G)，接着到目前普遍应用的第四代移动通信技术(the Forth Generation Mobile Communication on Technology, 4G)，并且第五代移动通信技术(the Fifth Generation Mobile Communication on Technology, 5G)也已经推出。

无线互联技术发展迅速，比较有代表性的主要有以下几种：第一，通用分组无线服务技术(General Packet Radio Service, GPRS)，充分利用现有的全球移动通信系统(Global System for Mobile Communication, GSMC)网络，为移动用户提供高达 171.2Kb/s 的数据速率。由于 GPRS 是基于分组交换的，用户可以一直保持在线。第二，"天翼通"无线宽带业务，为用户提供与有线宽带相当的上网服务。第三，蓝牙，一种低成本、低功率的无线技术，可以使移动电话、个人计算机、掌上电脑、打印机及其他计算机设备在近距离内不需线缆即可进行通信。

另外还有 4G 业务，4G 是集 3G 与 WLAN 于一体，并能够快速传输数据、高质量音频、视频和图像等。4G 能够以 100 Mbps 以上的速度下载，比家用宽带 ADSL(4 兆)快 25 倍，并能够满足几乎所有用户对于无线服务的要求。此外，4G 可以在 DSL 和有线电视调制解调器没有覆盖的地方部署，然后再扩展到整个地区。

目前，5G 网络的覆盖范围已经相当广泛。与 4G 网络相比，5G 的优越性体现在以下方面：第一，更高的网络速度，5G 网络的峰值下载速度可达 20 Gbps，是 4G 网络的几十到上百倍。第二，更低的网络延迟，可达 1 毫秒以下，低于 4G。第三，更高的网络质量，支持更多设备的连接。第四，更好的网络覆盖。5G 网络使用高频波段，能够覆盖到偏远地区。第五，更低的能量消耗，相比 4G 网络更加省电，延长设备的续航时间。第六，更稳定的连接，能在高速交通的情况下实现稳定连接。

如今，在生活服务电商领域，移动端的占比已经超过了 PC 端，线上线下一体化更加明显。而在实物电商领域，传统电商在重品类（贵重或重量大）和非标品类有自己的局限，包括百度、天猫、京东、腾讯在内的纯互联网企业都宣布了自己的 O2O（Online to Offline）战略，而以线下为主的苏宁、银泰、天虹、王府井等企业也都打出 O2O 旗号。5G 的普及使移动端的应用场景越来越丰富，使移动电子商务真正超越原先的定义。

移动电子商务不是传统电子商务的补充，而是一种升级和蜕变；传统电子商务以交易额或销售额衡量市场规模，移动电子商务是"销售+客户关系管理"的一体化概念，是各种具有商业活动能力和需求的实体，难以量化，但受移动端影响的市场规模远大于传统电商。移动电子商务的兴起得益于全球经济一体化的迅速发展，也得益于移动通信技术的迅速发展和成熟。同时，移动电子商务企业管理信息系统及移动金融业自动服务系统的形成和不断完善也为移动电子商务的形成奠定了基础，并为电子商务的进步发展创造了更加有利的条件。移动电子商务将成为电子商务最重要的形式之一，并成为 21 世纪人们的主要商务模式和推动社会、经济、生活和文化进步的重要动力和工具。全球性的移动电子商务正逐渐渗透到每个人的生存空间，将对人们的工作方式、生活方式、商业关系和政府作用等产生深远的影响。

第三节　移动电子商务的发展

一、移动电子商务的发展历程

随着移动通信技术和计算机的发展，移动电子商务的发展已经经历了五代。

1. 第一代移动电子商务系统

第一代移动电子商务系统是以短信为基础的访问技术，这种技术存在许多严重的缺陷，其中最严重的问题是实时性较差，查询请求不会立即得到回答。此外，短信信息长度的限制也使得一些查询无法得到完整的答案。这些令用户无法忍受的严重问题也导致了一些早期使用基于短信的移动电子商务系统的部门纷纷要求升级和改造现有的系统。

2. 第二代移动电子商务系统

第二代移动电子商务系统主要采用了无线应用协议（Wireless Application Protocol，WAP）技术，手机主要通过浏览器的方式访问 WAP 网页，以实现信息的查询，部分解决了第一代的移动通信技术的问题，第二代的移动通信技术的缺陷主要表现在 WAP 网页访问的交互能力，因此极大地限制了移动电子商务系统的灵活性和方便性。此外，WAP 网页访问的安全问题对于安全性要求极为严格的政务系统来说也是一个严重的问题。这些问题也使得第二代技术难以满足用户的要求。

3. 第三代移动电子商务系统

第三代移动电子商务系统采用了基于 SOA 架构的 Web Service、智能移动终端和移动虚拟专用网络(VPN)技术相结合的第三代移动访问和处理技术,使得系统的安全性和交互能力有了极大的提高。第三代移动电子商务系统同时融合了 3G 移动技术、智能移动终端、VPN、数据库同步、身份认证及 Web Service 等多种移动通信、信息处理和计算机网络的前沿技术,以专网和无线通信技术为依托,为电子商务人员提供了一种安全、快速的现代化移动电子商务办公机制。

4. 第四代移动电子商务系统

第四代移动电子商务系统运用了正交频分多址技术(OFDMA)和小区间干扰技术(ICIC)。OFDMA 技术可提升频段使用率,ICIC 技术可提高有效信号的频谱利用率和信噪比。与第三代移动通信技术相比,第四代移动通信技术的传输速度提高了 1 000 倍。因此在与第四代移动通信技术的融合中,第四代移动电子商务系统在业务处理中拥有更高的传输速率,可极大提升影像画质及改善数据服务质量。

5. 第五代移动电子商务系统

第五代移动电子商务系统是移动电子商务面向 5G 信息时代的进一步发展。5G 中的大规模无线技术(Massive MIMO)是 MIMO 技术的演进,可以使设备搭载更多天线。而超密集组网技术(VPN)则通过一系列技术变化,如小区虚拟、干扰管理等大幅提升了频率利用率和信噪比。5G 信息时代,技术的进步将会带来理念的革新、设计思路的转变和实现机理的完备。5G 时代的到来,为电子商务带来了前所未有的机遇。移动电子商务也将在 5G 技术的推动下建立一个更加便捷、智能、安全、完善的电子商务系统。

二、移动电子商务的发展概况

近年来,移动电子商务的发展在全球范围内掀起了新的高潮。日本在移动电子商务方面处于领先地位,其建立的第三代移动通信系统具有可视电话、数码照相、数码摄像及高速上网等多媒体功能,构成了移动电子商务的高速信息传输平台;韩国正在进行有线和无线、电视网和电信网的融合;欧洲许多国家开发的用移动电话支付的自动售货机业务已受到广泛关注,用移动电话订票的应用已经成熟。

在美国,由于受无线互联网接入、短信息及即时信息业务等拉动,2004—2007 年无线领域的规模以平均每年 9.1% 的速度增长。美国花旗银行与法国 Gemplus 公司、美国 M1 公司于 1999 年 1 月携手推出了手机银行,客户可以用 GSM 手机银行了解账户余额和支付信息,并利用短信息服务向银行发送文本信息执行交易,还可以从花旗银行下载个性化菜单,阅读来自银行的通知和查询金融信息。这种服务方式更加贴近客户,客户可以方便地选择金融交易的时间、地点和方式。调查表明,目前美国 18~24 岁的青年人最有可能成为拉动美国移动通信业务增长的主力军,而吸引这批人加入手机使用人群的主要力量就是目前美国各大移动通信公司正在力推的各种数据服务项目,其中最让年轻人为之向往的就是手机互动游戏。

欧洲由于移动电话普及率及水平最高,正成为无线互联网及移动电子商务最大的"试验场"。英国最大的移动电话和互联网运营商英国电信集团(BT)已在现有的 GSM 网络上成功地开发了 GPRS 业务,实现了 GSM 手机用户上网。该公司从每个用户身上平均每月获得的收入为 11 美元，每年因无线互联网增值的收入为 500 万美元。世界上率先实现商业性运作的手机银行项目是由 Expandia 银行与移动通信运营商 Radio Mobile 公司在布拉格地区联合推出的，其 GSM 网络由 1996 年 9 月 30 日开始使用，由德国 G&D 公司提供 SIM 卡技术及安全系统。至今，该银行系统已由最初支持一家银行业务发展为目前支持多家银行业务，其基于 G&D 的 STARSIM 平台，能运行在一系列的标准化手机上。

《中国互联网发展报告 2023》称，截至 2023 年 6 月，中国内地网民达 10.79 亿，互联网普及率达 76.4%。中国累计建成开通 5G 基站超过 293.7 万个，5G 移动电话用户数达 6.76 亿。中国移动互联网月活跃用户规模已突破 12.24 亿。

移动电子商务是通过移动网络为用户提供灵活、安全、快速的商务服务，其中移动娱乐、信息领域非常广泛，主要包括移动金融服务、移动网上商品交易、广告宣传、遥测服务、咨询洽谈、移动库存管理、移动电子商务重构、移动网上商品交易、内容提供服务等。

第四节　移动电子商务带来的革命

一、移动电子商务使企业发展获得竞争优势

在市场经济环境中，任何企业都面临着竞争的压力，如何提升企业竞争力、创造企业的竞争优势是每个企业都关心的问题。移动电子商务的发展为企业提供了一个良好的机遇，因为移动电子商务能够有效地创造企业在移动电子商务环境下的竞争优势。

移动电子商务以现代化的电子技术和移动通信技术为基础，利用移动通信网络在信息传递和资源共享方面的特性，在创造企业成本优势和差异化优势等方面起到了积极的作用，具体体现在创造成本优势和创造差异化优势两个方面。

1. 创造成本优势

若企业进行所有价值活动的累计成本低于竞争者的成本，它就具备成本优势。移动电子商务中的移动通信技术影响企业的每项价值活动及联系，其中蕴含着降低成本及费用的潜力。

1）降低企业经营成本，提高企业利润，为企业持续发展提供动力

尽管开展移动电子商务需要一定的投资，但与其他销售渠道相比，其运营成本已经大大降低。根据国际数据资讯公司（International Data Corporation，IDC）的调查，利用移动电子商务进行广告宣传、网上促销活动，结果使销售额增加十倍的同时，费用只是传统广告费用的十分之一。一般而言，采用手机邮件和短信的促销成本只是邮寄广告的十分之一。

美国宾夕法尼亚州的安普公司曾花费 800 万美元印刷产品目录，而现在其将销售的 7 万种产品目录做成数据库的形式，放到移动 Internet 上展示，成本已经大大降低，而销售额却大大增加。除此之外，精心制作的数据库网页使客户可以准确及时地查到所需要的设备情况，而纸张印刷品却无法做到这点。

随着企业移动电子商务的展开，移动网络客户服务系统的使用受到厂家和客户的欢迎。企业提供有效的网上客户服务系统，可以大大地降低电话咨询的次数。例如，美国联

邦快递公司通过建立移动 Internet 咨询服务系统，使客户可以随时随地跟踪快递包裹的运输情况，而客户每次查询只需花费 0.1 美元，而用传统的咨询方式却要花费 3~5 美元。可见，移动通信技术支持服务的费用大大低于传统的电话咨询费用。

每项产品的生产成本都涉及固定成本的支出，固定成本并不随生产数量变化而变化，而是与产品的生产周期有关。移动电子商务的出现缩短了产品的生产周期，从而降低了企业的生产成本。

目前，网络技术和移动通信技术的应用为产品的开发与设计提供了快捷的方式。第一，开发者可以利用移动网络技术进行即时快速的市场调研，了解最新的市场需求；第二，开发者可以利用信息的传播速度，很快了解到产品的市场反馈，以对正在开发的产品进行适当的调整，从而取得竞争优势，而这在传统生产中，将是一个漫长的过程。现在，移动电子商务改变了这一切。

2) 降低采购成本，减少库存占用，大力发掘企业的第三利润源泉

传统的原材料采购是个程序烦琐的过程。通过移动电子商务，企业可以加强与主要供应商之间的协作，将原材料的采购和产品的制造过程有机地结合起来，形成一体化的信息传递和处理系统。

目前，许多大公司纷纷通过移动电子商务增值战略方案，采用一体化的移动电子采购系统，从而降低了劳动力、打印和邮寄成本。采购人员也有更多的时间致力于合同条款的谈判，注重和供应商建立稳固的供销关系。

美国通用电气公司的照明部自从由手工采购转向采用电子商务的采购系统，进而升级到移动电子商务采购系统以后，产生了积极的效应，既改善了服务，又节省了劳动力与原材料成本。通用电气公司的发言人说："自从升级到移动电子商务采购系统后，公司的采购费已经降低了 30%。"

产品的生命周期越长，企业就需要越多的库存对付可能出现的交货延迟、交货失误，对市场的反应也就越慢。而且，库存的增多也会增加运营成本，降低企业的利润。何况，高库存量也不能保证向客户提供最佳的服务。

因此，适当的库存量不仅可以让客户得到满意的服务，而且可以尽量为企业减少运营成本。为了达到上述目标、提高企业库存的管理水平，企业可以通过提高劳动生产率，在提高库存周转率的基础上，降低库存的总量。

2. 创造差异化优势

若企业能够为顾客提供独特的商品或服务，那么企业相对于竞争者来说就能赢得差异化优势。企业的任何价值活动都是独特的潜在来源。移动电子商务为企业创造的差异化优势有以下几个方面：

1) 提高服务质量，形成服务差异化优势

以移动通信网络和 Internet 为基础的移动电子商务将彻底改变企业旧的经营模式，它打破了并行工程的思想，以及依赖分工与协作完成整个工作过程的惯例。在移动电子商务构架中，除了市场部和销售部可以与客户打交道外，企业其他的职能部门也能通过商务网络与客户频繁地接触交流，从而大大提高了企业的服务质量。

2) 提高买方价值，满足个性化的需求

移动通信技术和电子技术的发展与应用，使经营者迅速了解、分析顾客的个性化需求

成为可能，并可以通过自动订货系统，随时满足顾客个性化需求，达到提高买方价值的目的。

3) 完善信息系统

移动电子商务将信息传递数字化，使用标准的数据传输，形成即时沟通，能有效地改善企业的管理环境。企业的信息系统能实现企业内信息低成本共享，管理信息可以通过网络迅速传递到每个部门和责任人员，实现信息传递的扁平化，从而实现中间管理人员的裁减，降低管理成本，使信息传递更快、更准确。同时，移动电子商务系统可以使企业实现外部信息的内化，管理人员可以及时获得商务信息，加快决策速度。

4) 形成独特的地理位置优势

差异化优势可以来自地理位置优势。移动电子商务系统提供的移动定位系统是借助于最先进的移动通信技术进行位置查询、结合地理资源进行分析的管理系统，这种系统可以作为商机评估及选址条件的决策参考，使企业选定的店址能够最大限度地方便顾客，相对于竞争者来说具有独特性。

5) 推动产品创新

移动电子商务的产品创新作用有以下两个方面：

（1）移动电子商务本身包含着传统商业服务和新产品服务。基于网络的商品销售属于传统的商业服务；移动通信网络信息服务、手机娱乐、短信息等是新产品，是基于移动电子商务的产品创新。现在，包括微软、戴尔等大公司的相当一部分产品都是通过移动电子商务的形式完成的，在国内像海尔、TCL也都借助移动电子商务进行商品销售。

（2）移动电子商务通过产品创新推动市场创新，带动新型信息企业的崛起，使其成为经济新的增长力量。移动电子商务的发展要求有计算机硬件和软件的支持，要求更高级的信息处理器和网络传输速度，带动系列计算机硬件、软件和移动电子产品的发展。一批新生企业也在利用移动电子商务发展起来的商务活动新概念，率先进入市场，有望在不久的将来形成一个独立的新兴产业。

6) 树立企业的自身形象，推动企业更长远的发展

移动电子商务为企业提供了一个全面展示自己产品和服务的虚拟空间，良好的移动网络广告方案有利于提高企业的知名度和商业信誉，达到提高企业竞争形象的目的。如何通过移动通信网络这种低成本的新型媒体宣传企业，从而提高企业形象是决策者们必须考虑的问题。率先使用移动电子商务的企业将在同行中树立进取的形象，体现出容易接纳新事物的创新精神，将有助于企业树立健康向上的良好形象。能够提供品种齐全的产品、灵活的折扣条件、可靠的安全性能、友好的用户访问界面、完善的技术支持是一个网络公司获得良好形象的关键。移动电子商务能够改变企业传统落后的价值理念，建立起创新、迅捷、严谨、诚信的企业文化，大大提高企业信誉，为企业的长远发展提供支持。

7) 为企业提供全球采购系统

目前，传统的采购模式存在六大问题：采购、供应双方都不进行有效的信息沟通，出现典型的非信息对称博弈状态，采购很容易成为一种盲目行为；无法对供应商的产品质量、交货期进行事前控制，经济纠纷不断；供需关系一般为临时或短期行为，竞争多于合作；响应用户需求的能力不足；利益驱动造成暗箱操作，舍好求次、舍贱求贵、舍近求远；生产部门与采购部门脱节，造成库存积压，占用大量流动资金。

移动电子商务的采购模式有以下优势：可以扩大供应商比价范围，提高采购效率，降

低采购成本，突破传统采购模式的局限，从货比三家到货比百家、千家，大幅降低采购成本，大大提高采购效率；实现采购过程的公开化，有利于实现实时监控，使采购更透明、更规范；实现采购业务操作程序化，大大减少了采购过程的随意性；促进采购管理定量化、科学化，实现信息的大容量和快速传送，为决策提供更多、更准确、更及时的信息，使决策依据更充分；生产企业可以由"为库存而采购"转变为"为订单而采购"，快速响应用户需求，降低库存成本，提高物流速度和库存周转率；实现采购管理向外部资源管理的转变。由于供需双方建立起长期互利的合作关系，因此采购方可以及时将质量、服务、交易期的信息传送给供方，使供方严格按要求提供产品与服务。

移动电子商务采购为采购提供了一个全天候、超时空的采购环境，即 365×24 小时的采购环境。该方式降低了采购费用，简化了采购过程，大大降低了企业库存，使采购交易双方易于形成战略伙伴关系。从某种角度来说，移动电子商务采购是企业的战略管理创新。

综上所述，移动电子商务带给企业的优势是显而易见的。通过个人移动设备进行可靠的电子交易的能力被视为移动 Internet 业务最重要的方面。移动通信提供了高度的安全性，而且其安全性还可通过各种方式得到进一步增强，如电子签名、认证和数据完整性。互联网与移动技术的结合为服务提供商创造了新的机会，使之能够根据客户的位置和个性提供服务，从而建立和加强其客户关系。有了移动电子商务技术，就可以实现流动办公，大大节约了成本，提升企业或个人的效率。移动电子商务作为对企业的新推动力，将对现存的商业模式、商务流程、竞争规则等产生深刻的影响，具体表现在：新经济向传统产业渗透、延伸，使产业界限由清晰变得模糊；以资本为纽带的实体企业向以契约为联系的虚拟企业发展；信息从独占走向资源共享；组织从正式结构向网络化非联盟转化；竞争模式从独立竞争向企业联盟、网络生态环境的竞争模式转化。

二、移动电子商务给人们的工作和生活带来的变革

移动电子商务对社会影响是多方面的，并且正改变着人们的生活、工作、学习、娱乐甚至思维方式，以及人们还没有想到的许多其他方面。目前，人们所能享受到的移动电子商务服务主要有以下几方面：

1. 信息传播的变革

移动电子商务主要通过移动 Internet 进行，这些网站能够更快、更直观、更有效地将信息或思想向全世界传播，实现了真正的大众传媒作用。通过移动通信网络查找新闻或信息将逐渐成为人们及时获得信息的方式。移动电子商务的交易过程通过遍及全世界的移动 Internet 传递电子邮件、短信息及各种语音数据业务，既快捷又便宜，使人与人之间的感情交流或企业之间的业务交往更加直接方便，使商家与消费者之间交易变得更为方便。

移动 Internet 上的出版物更为便宜，因为在网上建立网页并不需要纸张，任何人均可以方便地在移动 Internet 上建立自己的网页来宣传自己的主张。其生存的条件在很大程度上将不再是资金，而在于网页本身的内容。移动 Internet 作为一种具有私人和公共双重功能的媒体，传播信息具有双向性的特点，人们可以根据自己的需要获取信息、提出疑问，没有时间和地域的限制。例如，利用 CDMA 手机、掌上电脑或其他可上网的移动通信终端进行股票交易和股市查询，查询实时的体育报道并发表自己的评论，通过网页寻找商机或

就业机会,也可以发布招聘广告招聘职员。在移动通信网上刊登广告正成为大众所重视和喜欢的方式并在很多方面比固定电子商务、电视、报纸和杂志等传统的媒体更有竞争优势。人们熟悉的各种饮食、服装、电话、汽车、房产等行业的公司逐渐将注意力转向在移动 Internet 上做广告。

2. 办公方式的变革

由于通过移动电子商务方式进行交易可以保证及时通信和进行大部分的业务处理,因此在移动电子商务环境下,办公的方式更为灵活,无论何时何地都可以进行办公处理。例如,对于公司的管理人员来说,他们可以方便地选择自己喜欢的工作方式和工作地点;公司派出的出差人员,就可以利用移动电子商务的办公方式和公司总部保持联系,将取得的信息及时反馈给公司,从而实现以最快的方式做出决策。

在日常办公中,办公人员需要花费大量的时间进行讨论和交流意见,才能做出某种决策。而这种在群体中互相沟通、合作的工作方式就是协同工作(简称"协作")。随着网络技术的发展,异步协作方式(如电子邮件、网络论坛等)及同步协作方式(如网络实时会议)正在逐渐成为除了面对面开会之外的新的工作方式,它们打破了时间、地域的限制,使人们可以随时随地参与到协同工作中去,大大提高了工作效率。

移动办公是提供办公人员在办公室以外办公的手段,他们可以远程拨号或登录到出差地的网络,通过电话线或广域网络,随时访问办公自动化系统;为提高工作效率和减少费用,办公人员还可以选择"离线"工作方式,即将需要处理的信息先下载到本地便携计算机上,然后切断连接,"离线"处理信息(如在旅途中批阅公文、起草电子邮件等),待工作完毕再次登录网络,将自己的工作结果发出或再次下载新的待办信息。办公自动化系统作为网络应用系统应提供用户协同工作支持和移动办公支持。

移动电子商务环境下的办公方式包含大量的工作流。工作流是一组人员为完成某项业务所进行的所有工作与工作转交(交互)过程。办公自动化应用系统的大多数应用,如公文审批、各类申请等。每一项工作以流程的形式,由发起者(如文件起草人)发起流程,经过本部门及其他部门的处理(如签署和会签),最终到达流程的终点(如发出文件和归档入库)。工作流程可以是互相连接、交叉或循环进行的,如一个工作流程的终点可能就是另一个工作流程的起点,如上级部门的发文处理过程结束后,引发了下级部门的收文处理过程。工作流程也可以是打破单位界限的,发生在机关与机关的相关单位之间。工作流自动化有三种实现模式,即基于邮件的、基于共享数据库的、基于邮件和共享数据库结合模式(群件模式)的。从信息技术的角度出发,群件模式结合了"推""拉"技术,充分发挥了不同技术的优点,克服了其缺点,是理想的办公自动化流程处理模式,也使办公自动化人员拥有了完整的信息技术工具。

3. 生活方式的变革

移动 Internet 实质上已经形成了一个范围广阔的、没有国界的虚拟社会,不同年龄的人都可以在网上找到自己的活动领域,发表自己的意见,参加聚会、购物、看电影、玩游戏、看书、旅游等。例如,孩子可以在移动 Internet 上玩游戏,看少儿节目,学习少儿科普知识;青年人可以利用网络谈恋爱、交友,移动 QQ 就是一种很典型的手机交友方式;成年人可以通过移动通信网络随时收集信息,了解税收法律的改变情况,即时填写税收表格、缴纳税费；老年人可在网上聊天，发表自己的言论，学习各种健康知识。移动电子商务在人们的生活中占据了越来越重要的位置。当然，在网络改变人们生活方式的同时，也带来一些负面影响，如信息污染等。

同时，"手机钱包"业务的推出，使得银行与通信业间跨行业的业务合作成为可能，既推动了金融机构和中国移动核心业务的发展，又为双方增强客户服务创新带来了新的发展机会，更为广大客户带来了新的支付渠道和方式。"手机钱包"业务必将成为中国移动电子商务领域一个新的亮点。

随着"移动梦网""联通在线"的建设，各电信增值服务提供商（Service Provider，SP）纷纷与中国移动、中国联通合作，短信息服务处于快速变化之中，正在兴起的数据业务为移动通信运营商带来了新的增长点。移动运营商通过为各 SP 提供一个公平、公开、透明的运营环境，向用户提供更多、更好的应用，达到市场主体的多赢格局。运营商与 SP 的合作，为人们提供了更及时、丰富、多元化和个性化的信息服务。

4. 消费方式的变革

移动电子商务的推广已经使即时购物成为现实，消费者可以随时随地通过不同的移动通信终端进入网络商店，查看商业目录，以及商品的规格和性能，并从中挑选自己需要的商品填写订单，然后通过信用卡付款。在用户确认之后，商家几乎可以立即收到顾客的订单，尽快送出或寄出顾客所选定的商品。在网上，消费者只需要拥有一个网络账号，就可以随时随地不间断地与银行、证券、保险公司等进行储蓄、转账等各种业务联系。可以预见，通过移动电子商务的方式进行消费，将是 21 世纪的新热点。

移动电子商务将改变人们的消费方式。通过移动电子商务方式购物的最大特征是消费者的主导性，购物意愿掌握在消费者手中。同时，消费者还能以一种轻松自由的自我服务的方式完成交易，消费者主权可以在网络购物中充分体现出来。

移动电子商务支付对消费者来说似乎已经习以为常。手机支付话费、手机缴纳水电气费、手机投注等业务的成功，不仅让通信运营商，同时也让产业链上的各个环节为移动电子商务支付业务的深度扩展不断创新。

移动电子商务支付是移动通信向人们的日常生活进一步渗透的过程，因此这个过程必然是从不成熟到成熟、从不被认可到获得认可的过程。试想，如果在没有商家和用户捧场的情况下，移动运营商将平台建设得再美轮美奂也是枉然。关键要让商家得到好处，让用户感到方便，让整个产业链完善起来，这样才能让"手机钱包"深得人心。

移动电子商务的安全保障、支付渠道完全可以通过技术和法规予以规范，最大的制约应该是如何发掘用户的真正需求。一旦顺应用户需求，习惯不需过多培养就会成为自然。随着移动通信技术的普及，移动金融服务的实时数据交换是金融业的发展方向，消费行为正从固定消费地点模式向各种不限地域、不限时间、不受固定通信线路限制、随时进行交易的模式发展，移动电子商务支付方式正在改变着人们的消费习惯。

5. 教育方式的变革

进行远程教育已经为国内外的普遍现象，随着移动通信网络和 Internet 的飞速发展，众多大学通过网络大学采用远程实时教育，它以移动通信技术、计算机通信技术和 Internet 技术为基础，依托图像和电子课件，使用身处多点、双向交互式的多媒体现代化的教学手段来实时传送声音，这使得分隔两地的师生能像现场教学那样进行双向视听问答。这是一种弥合时间和空间跨度的教育传递过程。美国、欧洲和东南亚许多有名的大学在网上开设了网络大学。国内的很多大学也都提供了网络大学，学生可以通过便携式计算机进行远程登录，随时随地学习各门课程。网络大学需要的管理机构和人员很少，进行网上教育成本低、效果好，可以很好地发挥师资和教材优势，可以低投入、高产出地完成高质量教育。同时，现代社会要求对人们进行终身教育和培训，各个年龄层次、各种知识结构、各种需求层次和各个行业的从业者，均可以通过网络大学完成继续教育。

同时，教育的内容也随着移动通信网络和 Internet 的快速普及而发生着剧烈的变化。电子商务已经成为大学里的新兴学科，有很多大学开设了电子商务专业，而移动电子商务也逐渐成为各高校所关注的焦点，相信未来几年会在各高校迅速普及。当然，移动电子商务对人类的工作和生活方式的改变并不仅局限于此，对人类产生的影响是多方面、深层次的，因此，其重要性也是显而易见的。

本章小结

随着移动通信网络和移动互联网的迅速发展和普及，移动设备在功能、种类、数量和质量方面都得到了飞速发展。移动设备由于体积小、携带方便，并且集中了计算、编辑、多媒体和网络等多种功能，极大地推动了移动电子商务的发展。移动数据通信和互联网技术的飞速发展为移动电子商务的发展提供了保障。相对于互联网的发展，移动通信领域是当前发展较快、应用较广和较前沿的通信领域之一，它的最终目标是实现可以在任何地点、任何时间与其他任何人进行任何方式的无线通信。在市场经济环境中，任何企业都面临着竞争的压力，如何提升企业竞争力、创造企业的竞争优势是每个企业都关心的问题。移动电子商务的发展为企业提供了一个良好的机遇，因为移动电子商务能够有效地创造企业在移动电子商务环境下的竞争优势。

关键术语

移动电子商务、B2B、G2G、移动通信。

配套实训

1. 移动电子商务与电子商务的关系是什么？
2. 目前主流移动电子商务平台有哪些？简述其服务的内容。
3. 搜集当前国内外企业中有关移动电子商务企业的相关材料，并分析其特点和优势。
4. 选三家国内较大的 B2C 公司，分析它们是怎样实施移动电子商务的。

课后习题

一、填空题

1. 移动电子商务的主要特点是_____、_____、_____。
2. _____和_____的飞速发展为移动电子商务的发展提供了保障。
3. G2B 是_____和_____之间的政务模式。
4. 通过移动电子商务方式进行购物的最大特征是_____。
5. 当前最流行的 O2O 产品模式有_____和_____。

二、单项选择题

1. 移动电子商务的内涵不包括(　　)。
   A. 移动电子商务是人类社会发展的需求
   B. 移动电子商务的关键因素是人的知识和技能
   C. 移动电子商务是不受时空限制的电子商务
   D. 移动电子商务的工具是系列化、系统化、高效稳定的电子工具
2. 天气预报属于移动电子商务提供的(　　)。
   A. 推式服务　　　　B. 拉式服务　　　　C. 交互式服务　　　　D. 人工智能服务
3. 电话号码查询属于移动电子商务提供的(　　)。
   A. 推式服务　　　　B. 拉式服务　　　　C. 交互式服务　　　　D. 人工智能服务
4. 即兴购物属于移动电子商务提供的(　　)。
   A. 推式服务　　　　B. 拉式服务　　　　C. 交互式服务　　　　D. 人工智能服务
5. 全球性竞价交易网站属于移动电子商务提供的(　　)。
   A. B2B　　　　　　B. C2C　　　　　　C. G2B　　　　　　D. B2C
6. 企业和供应商之间的协调沟通属于移动电子商务提供的(　　)。
   A. B2C　　　　　　B. C2C　　　　　　C. B2B　　　　　　D. G2G
7. 电子公文属于移动电子商务提供的(　　)类商务形式。
   A. B2B　　　　　　B. G2G　　　　　　C. G2B　　　　　　D. G2C
8. 电子采购与招标属于移动电子商务提供的(　　)类商务形式。
   A. B2B　　　　　　B. G2G　　　　　　C. G2B　　　　　　D. G2C
9. 教育培训服务属于移动电子商务提供的(　　)类商务形式。
   A. B2B　　　　　　B. G2G　　　　　　C. G2B　　　　　　D. G2C
10. 集群通信属于移动电子商务提供的(　　)类商务形式。
    A. G2B　　　　　　B. C2C　　　　　　C. G2C　　　　　　D. P2P

三、简答题

1. 简述移动电子商务的定义和内涵。
2. 简述移动电子商务为企业发展带来的竞争优势。
3. 简述移动电子商务给人们的工作和生活带来的变革。

第二章 移动电子商务技术基础

🎯 知识目标

(1) 掌握移动电子商务技术(移动通信技术、移动无线互联网、移动通信终端、移动通信操作平台及系统)的概念。
(2) 熟悉各移动电子商务技术的发展过程。
(3) 了解各移动电子商务技术的发展趋势。
(4) 了解各移动电子商务技术的应用。

✒ 素养目标

(1) 了解移动电子商务通信技术,培养新时代人才基本信息素养,推动持续创新突破。
(2) 熟悉移动通信终端的类型,激发移动电子商务发展新潜能,开辟更多领域新赛道。

🔷 导入案例

2020年中国移动全球合作伙伴大会在广州召开,苏宁易购消费电子集团总裁李琪受邀出席。会议期间,苏宁易购与中国移动签署战略合作协议,双方将聚焦5G生态合作和数字化转型,重点发力5G行业应用、线上线下渠道建设、会员权益,以及金融、物流等多个产业的全面协同合作。

此次中国移动全球合作伙伴大会以"5G融入百业,数智引领未来"为主题,全面诠释中国移动5G+数字化创新战略,展示中国移动与合作伙伴基于5G+的数字化网络创新、数字化产品创新、数字化科技创新、数字化生态创新。

在本次合作伙伴大会中,苏宁易购与中国移动正式达成战略合作,双方各自作为零售服务和信息通信的行业巨头,此次基于5G时代的广泛应用场景和生态全面牵手,可以说是强强联合,将加快推动整个5G应用和数字化转型的快速普及。

苏宁易购作为世界500强企业，拥有线上线下全渠道全场景优势，其遍布全国各地的线下门店，从一二线核心城市到县镇市场，全面覆盖各个消费人群，能够更加快速地将5G终端设备及通信业务触达到消费用户。同时，2020年适逢苏宁成立30周年，围绕"专注好服务"的品牌主张，苏宁易购提供更全更优的零售服务场景，其中5G的服务正是基于消费者需求而搭建的重点服务场景，此次与中国移动牵手，进一步强化了5G服务体验，让消费用户更加感受到"换5G上苏宁"的便捷和贴心。

讨论：5G技术可助力移动电子商务实现哪些方面的技术应用？

第一节 移动通信技术概述

一、移动通信的基本概念

在现在的信息时代，随着手机、掌上电脑等这些移动通信终端的发展，人们对通信的要求日益迫切，人们越来越希望在任何时候、任何地点与任何人都能够及时可靠地交换任何信息。显然，想要实现这种愿望，在大力发展固定通信的同时，更需要积极地发展移动通信。

移动通信是指通信双方至少有一方在移动中（或者临时停留在某个非预定的位置上）进行信息交换的通信方式。例如移动体（车辆、船舶、飞机）与固定点之间的通信，活动的人与固定点、人与人或人与移动体之间的通信等。

移动通信有多种方式，可以双向工作，如集群移动通信、无绳电话和蜂窝移动电话，但部分移动通信系统的工作是单向的，如无线寻呼系统。移动通信的类型很多，可按不同方法进行分类，具体如下：

按使用环境可分为陆地通信、海上通信和空中通信。按使用对象可分为民用设备和军用设备。

按多址方式可分为频分多址（FDMA）、时分多址（TDMA）和码分多址（CDMA）。

按接入方式可分为频分双工（FDD）和时分双工（TDD）。按工作方式可分为同频单工、异频单工、异频双工和半双工。按业务类型可分为电话网、数据网和综合业务网。

按覆盖范围可分为广域网和局域网。按服务范围可分为专用网和公用网。按信号形式可分为模拟网和数字网。

二、移动通信的特点

1. 必须利用无线电波进行信息传输

移动通信中基站与用户之间必须靠无线电波来传送消息。在固定通信中，传输信道可以是导线，也可以是无线电波，但是在移动通信中，由于至少有一方是运动着的，所以必须使用无线电波传输信息。

2. 有时处于复杂的干扰环境中

在移动通信系统中，使用无线电波传输信息，在传播过程中必不可少地会受到一些噪声和干扰的影响，比如城市环境中的汽车火花噪声、各种工业噪声等。除了外部干扰外，自身还会产生各种干扰。其主要的干扰有互调干扰、邻频干扰、同频干扰及多址干扰等。

因此，在设计系统时，可以使用抗干扰、抗衰落技术来减少这些干扰问题的影响。

3. 可利用的频谱资源有限

国际电信联盟(ITU)和各国都规定了用于移动通信的频段。为满足移动通信业务量增加的需要，只能开辟和启用新的频段，或者在有限的已有频段中采取有效利用频率措施，如压缩频带、频道重复利用等方法。

4. 移动性强

由于移动用户需要在任何时间、任何地点准确地接收到可靠的信息，移动台在通信区域内需要随时运动，移动通信必须具备很强的管理功能，进行频率和功率控制。

5. 对移动终端(主要是移动台)的要求高

移动台长期处于不固定位置，所以要求移动台具有很强的适应能力。首先，移动台需要体积小、重量轻、携带方便和操作方便；其次，移动终端必须适应新业务、新技术的发展，以满足不同人群的使用。

三、移动通信的发展

移动通信从20世纪初发展至今，已实现从短距离的固定点与移动点的无线通信发展到如今的第五代移动通信的跨越。移动通信的发展历程见表2-1。

表2-1　移动通信的发展历程

时间	历程	标志
1897年	马可尼在固定站与一艘拖船之间完成了一项无线通信试验	揭开了世界移动通信历史的序幕
20世纪20年代至20世纪40年代中期	在几个短波频段上开发出专用移动通信系统	现代移动通信的起步阶段
20世纪40年代中期至20世纪60年代初期	开发出公用移动通信系统	实现从专用移动网向公用移动网的过渡
20世纪60年代初期至20世纪70年代中期	美国推出了改进型移动电话系统	移动通信系统改进与完善的阶段
20世纪70年代中期至20世纪80年代中期	美国贝尔实验室提出了蜂窝小区和频率复用的概念并开发出先进的数字移动电话系统	第一代蜂窝移动通信系统发展起来
20世纪80年代中期至20世纪90年代后期	随着业务需求的日益增长，数字移动通信系统被推出，广泛采用了TDMA技术的GSM系统和采用了CDMA的IS-95系统	移动通信跨入了第二代移动通信系统
20世纪90年代后期至2009年	在芬兰赫尔辛基召开的ITUTG8/1第18次会议上最终确定了3类共5种技术标准作为第三代移动通信的基础，其中 WCDMA、CDMA2000 和 TD-SCDMA是3G的主流标准	移动通信进入了第三代移动通信系统的阶段

续表

时间	历程	标志
2009 年至 2013 年	电信设备商诺基亚西门子表示自己通过第四代移动通信技术打了世界上第一个 LTE 电话	完善第三代移动通信系统,向第四代移动通信系统发展
2013 年至 2019 年	2013 年 12 月,工信部向三大运营商颁布了 TD-LTE4G 牌照	中国跨越进入 4G 时代,中国移动电子商务大时代正式起航
2019 年至今	2019 年 6 月 6 日,工信部向四家运营商颁发 5G 牌照	中国正式开启第五代移动通信网络(5G)商用时代

四、几代移动通信技术简介

1. 第一代移动通信技术(1G)

1982 年,美国推出了模拟式行动电话系统(Advanced Mobile Phone System,AMPS),又称国际标准 IS-88。这个标准一经推出就受到了用户们的普遍欢迎,因而其用户量大增。现在所指的 1G 就是 AMPS。第一代移动通信系统最重要的特点体现在移动性上,这是其他任何通信方式和系统都不可替代的。

第一代移动通信技术是指最初的模拟、仅限语音的蜂窝电话标准,制定于 20 世纪 80 年代,网络标准有 NMT、NMT、TACS、JTAGS 等,基本上欧美发达国家都有自己的标准。到现在为止,第一代模拟蜂窝服务移动通信模拟蜂窝系统因容量有限、保密性差,已经被淘汰了。

2. 第二代移动通信技术(2G)

为了满足人们对传输质量、系统容量和覆盖面的需求,第二代移动通信也随之产生。第二代移动通信系统主要有 GSM 移动通信系统、数字高级移动电话系统 DAMPS 或 TDMA、码分多址 CDMA 技术等,我国广泛应用的是 GSM 移动通信系统。1G 主要使用了模拟技术,而 2G 使用了数字技术,其主要特性是为移动用户提供数字化的语音业务以及高质低价服务。第二代移动通信具有保密性强、频谱利用率高、业务覆盖范围广、标准化程度高等特点,移动通信因之得到了空前发展。

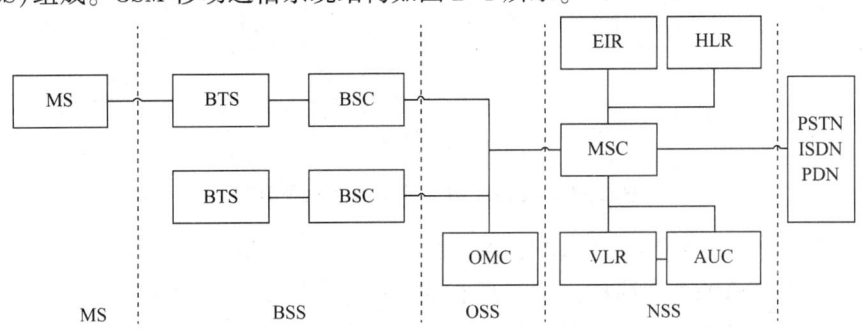

(1)GSM 移动通信系统。GSM 移动通信系统是由欧洲主要电信运营者和制造厂家组成的标准化委员会设计出来的,是在蜂窝系统的基础上发展而成的。GSM 移动通信系统(GSM 系统)主要由移动台(MS)、基站分系统(BSS)、网络子系统(NSS)和操作与维护分系统(OSS)组成。GSM 移动通信系统结构如图 2-1 所示。

图 2-1 GSM 移动通信系统结构

①移动台(MS)。移动台是公用移动通信网中用户使用的设备，也是整个移动通信系统中用户能够直接接触的唯一设备。它是 GSM 系统的移动客户设备部分，由移动终端和用户识别卡(Subscriber Identity Module，SIM)组成。SIM 卡中存有用户身份认证所需的信息，并能执行与安全保密有关的命令。移动设备只有插入 SIM 卡后才能进网使用。

②基站分系统(BSS)。BSS 包含 GSM 移动通信系统中无线通信部分的所有地面基础设施，它的一端通过无线接口直接与移动台实现通信连接，另一端又连接到网络端的交换机，为移动台和交换子系统提供传输通路。BSS 由基站控制器(Base Station Controller，BSC)和基站收发信台(Base Transceiver Station，BTS)两部分组成。

③网络子系统(NSS)。NSS 包括以下几个部分：移动交换中心(MSC)、归属位置寄存器(HLR)、拜访位置寄存器(VLR)、认证(鉴权)中心(AUC)、设备标志寄存器(EIR)。MSC 是 GSM 移动通信系统的核心，是 GSM 移动通信系统与其他通信网之间互联的接口。HLR 既是一个静态数据库，用来存储本地用户的数据信息，又是一个定位数据库，用来存储用户访问位置寄存器的数据信息。VLR 是存储本地区动态用户数据的数据库，通常为一个 MSC 控制区服务。AUC 为每个用户设置了一个密钥，可认证移动用户身份并产生相应的认证参数的功能实体。EIR 具有对移动设备的识别、监视、闭锁等功能，能确保移动设备的唯一性和安全性。

④操作与维护分系统(OSS)。操作与维护分系统是操作人员与设备之间的中介，其中的主要网元是操作维护中心(OMC)，它实现了对移动通信系统的 BSS 和 NSS 的集中操作与维护，它一侧与网络设备相连，另一侧则作为人机接口的工作站。

(2)IS-95CDMA 数字蜂窝通信系统(CDMA 系统)。1993 年 7 月，美国电信工业协会(TIA)将 CDMA 定为美国数字蜂窝的临时标准 IS-95。由于 CDMA 系统具有抗干扰性强、保密性好、容量高等优点，许多国家都觉得 CDMA 有很大的应用前景，于是纷纷引进了这个技术，现在 CDMA 在很多国家已被广泛使用。

CDMA 系统由移动台(MS)、基站系统(BSS)、移动交换中心(MSC)、操作维护中心(OMC)以及公共市话网(PSTN)和综合业务数字网(ISDN)等组成，其部分功能与 GSM 系统相似。CDMA 数字蜂窝通信系统结构如图 2-2 所示。

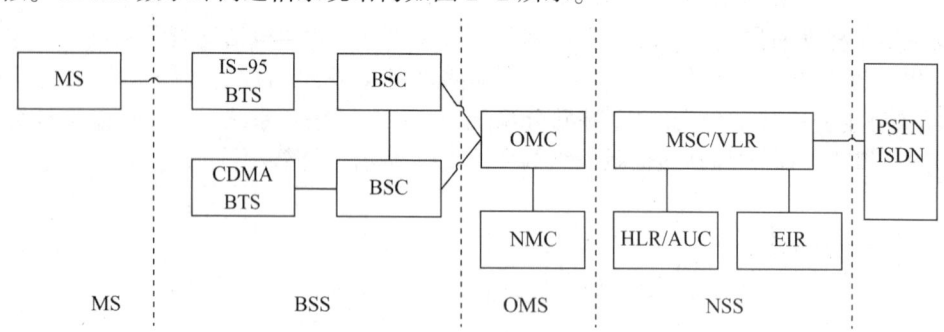

图 2-2 CDMA 数字蜂窝通信系统结构

(3)第 2.5 代移动通信技术(GPRS 技术)。GPRS 技术是通用分组无线业务(General Packet Radio Service)的英文简称，是在现有的 GSM 系统基础上，增加 GPRS 业务支持节点以及 GPRS 网点支持节点，而后形成的一个新的网络实体。GPRS 技术可提供端到端的、广域的无线 IP 连接，目的是为 GSM 用户提供分组形式的数据业务。

GPRS 技术是一种新的移动数据通信业务，在移动用户和数据网络之间提供一种连接，为移动用户提供高速无线 IP 服务。GPRS 技术分为两个部分：无线接入和核心网。GPRS 技术提供了一种高效、低成本的无线分组数据业务，特别适用于间断的、突发性的和频繁的、少量的数据传输，可以应用于数据传输、远程监控等方面，也适用于不频繁的大量数据传输。

GPRS 系统的基本网络结构如下：

①移动台（MS）是用户使用的设备，由移动终端（MT）和终端单元（TE）构成。

②服务 GPRS 支持节点（SGSN）主要负责记录经移动台的当前位置的信息，有执行移动性管理和路由选择等功能。

③网关 GPRS 支持节点（GGSN）负责为 GPRS 网络提供必要的传输通路。

④计费网关（C）通过 Ga 接口实现 GPRS 系统的计费，收集各 GSM 系统发送的计费数据记录，而后将这些记录发送给计费系统。

⑤域名服务器（DNS）负责为 GPRS 系统内部 SGSN、GGSN 等网络节点提供域名解析及 APN 解析。

3. 第三代移动通信技术（3G）

第三代移动通信技术，即国际电信联盟（ITU）定义的 IMT-2000（International Mobile Telecommunication-2000）。相对于第一代移动通信技术（1G）和 GSM、CDMA 等第二代移动通信技术（2G），3G 是指将无线通信与国际因特网等多媒体通信结合的新一代移动通信技术。2000 年 5 月，国际电信联盟确定了以 WCDMA、CDMA2000 和 TD-SCDMA 作为第三代移动通信的三大主流无线接口标准。

（1）WCDMA。WCDMA 是通用移动通信系统（UMTS）的空中接口技术，接入方式为 IMT-DS，核心网络基于 GSM/GPRS，所以许多 WCDMA 的高层协议和 GSM/GPRS、GPRS 基本相同或相似。从 GSM 到 WCDMA 的发展过程如图 2-3 所示。

图 2-3 从 GSM 到 WCDMA 的发展过程

（2）CDMA2000。CDMA2000 是在 IS-95 基础上进一步发展而得来的，它对 IS-95 系统有向后兼容性。为了支持分组数据业务，核心网络在 ANSI41 网络的基础上，增加了支持分组交换的部分，并逐步向全 IP 的核心网过渡。

（3）TD-SCDMA。时分同步的码分多址技术（Time Division Synchronous Code Division Multiple Access，TD-SCDMA）作为中国提出的 3G 标准，自 1998 年正式向国际电联（ITU）提交以来，完成了标准的专家评估、ITU 认可并发布。TD-SCDMA 标准是我国第一个具有完全自主知识产权的国际通信标准，而且在国际上被广泛接受和认可，是我国通信史上重要的里程碑，也是我国通信史上的重大突破，标志着中国在移动通信领域进入了世界领先之列。

4. 第四代移动通信技术(4G)

虽然 3G 传输速率快,但还是存在着很多不尽如人意的地方。相比 3G,第四代移动通信技术能提供更大的频宽,满足现代社会对高速数据和高分辨率多媒体服务的需求。该技术能集 3G 与 WLAN 于一体,能进一步提高数据传输速度,满足几乎所有用户对于无线服务的要求。

4G 是 3G 技术的进一步演化,无线通信的网络效率在传统通信网络和技术的基础上不断地提高。通俗来说就是两句话:一是 4G 技术能够提供高速移动网络宽带服务;二是 4G 技术是基于全球移动通信 LTE 标准之上的。4G 系统的网络结构如图 2-4 所示。

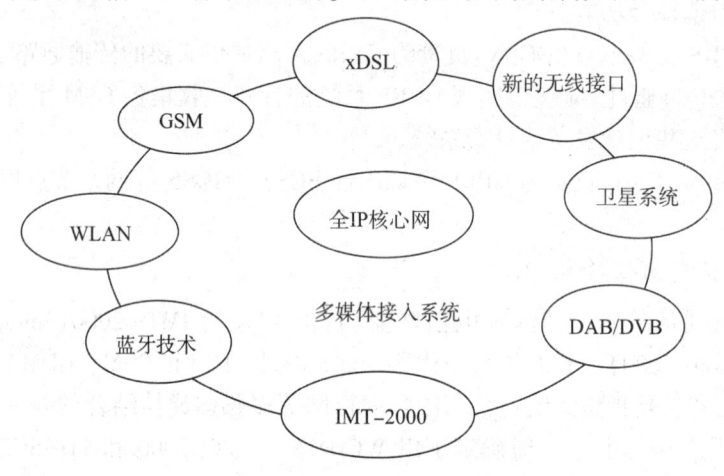

图 2-4 4G 系统的网络结构

4G 的核心技术有以下几种:

(1)接入方式和多址方案。这是一种无线环境下的高速传输技术,其主要思想就是在频域内将给定信道分成许多正交子信道,在每个子信道上使用一个 4G 子载波进行调制,各子载波并行传输。尽管总的信道是非平坦的,即具有频率选择性,但是每个子信道是相对平坦的,在每个子信道上进行的是窄带传输,信号带宽小于信道的相应带宽。正交频分复用技术(OFDM)的优点是可以消除或减小信号波形间的干扰,对多径衰落和多普勒频移不敏感,提高了频谱利用率,可实现低成本的单波段接收机。OFDM 的主要缺点是功率效率不高。

(2)调制与编码技术。4G 系统采用新的调制技术,如正交频分复用技术(OFDM)以及自适应均衡技术等调制方式,以保证频谱利用率和延长用户终端电池的寿命。4G 移动通信系统(4G 系统)采用更高级的信道编码方案(如 Turbo 码、级连码和 LDPC 等)、自动重发请求(ARQ)技术和分集接收技术等,从而在低 Eb/N0 条件下保证系统足够的性能。

(3)高性能的接收机。4G 移动通信系统对接收机提出了很高的要求。香农(Shannon)定理给出了信道信息传送速率的上限(bit/s)和信道信噪比(SNR)及信道节宽的关系。按照香农定理,可以计算出,对于 3G 系统如果信道带宽为 5 MHz,数据速率为 2 Mb/s,所需的 SNR 为 1.2 dB;而对于 4G 系统,要在 5 MHz 的带宽上传输 20 Mb/s 的数据,则所需要的 SNR 为 12 dB。可见对于 4G 系统,由于速率很高,对接收机的性能要求也要高得多。

(4)智能天线技术。智能天线具有抑制信号干扰、自动跟踪以及数字波束调节等智能功能，被认为是未来移动通信的关键技术。智能天线应用数字信号处理技术，产生空间定向波束，使天线主波束对准用户信号到达方向，旁瓣或零陷对准干扰信号到达方向，达到充分利用移动用户信号并消除或抑制干扰信号的目的。这种技术既能改善信号质量又能增加传输容量。

（5）MIMO 技术。MIMO（多输入、多输出）技术是指利用多发射、多接收天线进行空间分集的技术，它采用的是分立式多天线，能够有效地将通信链路分解成为许多并行的子信道，从而大大提高容量。信息论已经证明，当不同的接收天线和不同的发射天线之间互不相关时，MIMO 技术能够很好地提高系统的抗衰落和噪声性能，从而获得巨大的容量。例如：当接收天线和发送天线数目都为 8 根，且平均信噪比为 20 dB 时，链路容量可以高达 42 bps/Hz，这是单天线系统所能达到容量的 40 多倍。因此，在功率带宽受限的无线信道中，MIMO 技术是实现高数据速率、提高系统容量、提高传输质量的空间分集技术。在无线频谱资源相对匮乏的今天，MIMO 技术已经体现出其优越性，也会在 4G 移动通信系统中继续应用。

（6）软件无线电技术。软件无线电是将标准化、模块化的硬件功能单元经过一个通用硬件平台，利用软件加载方式来实现各种类型的无线电通信系统的一种具有开放式结构的新技术。软件无线电的核心思想是在尽可能靠近天线的地方使用宽带 A/D 和 D/A 转换器，并尽可能多地用软件来定义无线功能，各种功能和信号处理都尽可能用软件实现。其软件系统包括各类无线信令规则与处理软件、信号流变换软件、信源编码软件、信道纠错编码软件、调制解调算法软件等。软件无线电使得系统具有灵活性和适应性，能够适应不同的网络和空中接口。软件无线电技术能支持采用不同空中接口的多模式手机和基站，能实现各种应用的可变 QoS（服务质量保证）。

（7）基于 IP 的核心网。移动通信系统的核心网是一个基于全 IP 的网络，同已有的移动网络相比，其所具有的最突出优点为：可以实现不同网络间的无缝互联。核心网独立于各种具体的无线接入方案，能提供端到端的 IP 业务，能同已有的核心网和公用交换电话网（PSTN）兼容。核心网具有开放的结构，能允许各种空中接口接入核心网；同时核心网能把业务、控制和传输等分开。采用 IP 后，所采用的无线接入方式和协议与核心网络（CN）协议、链路层是分离独立的。IP 与多种无线接入协议相兼容，因此在设计核心网络时具有很大的灵活性，不需要考虑无线接入究竟采用何种方式和协议。

（8）多用户检测技术。多用户检测是宽带通信系统中抗干扰的关键技术。在实际的 CDMA 通信系统中，各个用户信号之间存在一定的相关性，这就是多址干扰存在的根源。由个别用户产生的多址干扰固然很小，可是随着用户数的增加或信号功率的增大，多址干扰就成为宽带 CDMA 通信系统的一个主要干扰。传统的检测技术完全按照经典直接序列扩频理论对每个用户的信号分别进行扩频码匹配处理，因而抗多址干扰能力较差。多用户检测技术在传统检测技术的基础上，充分利用造成多址干扰的所有用户信号信息对单个用户的信号进行检测，从而具有优良的抗干扰性能，解决了远近效应问题，降低了系统对功率控制精度的要求，因此可以更加有效地利用链路频谱资源，显著提高系统容量。

4G 移动通信技术的信息传输级数要比 3G 移动通信技术的信息传输级数高一个等级。对无线频率的使用效率比 2G 和 3G 系统都高得多，且信号抗衰落性能更好，其最大的传输速度会是"i-Mode"服务的 10 000 倍。除了高速信息传输技术外，它还包括高速移动无线信息存取系统、移动平台的拉技术、安全密码技术以及终端间通信技术等，具有极高的安全性。

5. 第五代移动通信技术(5G)

5G 是第五代无线移动通信技术，其速度是 4G 技术的几十到上百倍。5G 作为一种新型移动通信网络，不仅解决了人与人通信，为用户提供增强现实、虚拟现实、超高清(3D)视频等更加身临其境的极致业务体验，更解决了人与物、物与物的通信问题，满足移动医疗、车联网、智能家居、工业控制、环境监测等物联网应用需求。最终，5G 将渗透到各行业各领域，成为支撑经济社会数字化、网络化、智能化转型的关键新型基础设施。

5G 的关键技术如下：

(1) 超密集异构网络。5G 网络正朝着多元化、宽带化、综合化、智能化的方向发展。随着各种智能终端的普及，在 2020 年及以后，移动数据流量呈现爆炸式增长。在未来 5G 网络中，减小小区半径，增加低功率节点数量，是保证未来 5G 网络支持 1 000 倍流量增长的核心技术之一。因此，超密集异构网络成为 5G 网络提高数据流量的关键技术。

(2) 自组织网络。传统移动通信网络中，主要依靠人工方式完成网络部署及运维，既耗费大量人力资源又增加运行成本，而且网络优化也不理想。在未来 5G 网络中，将面临网络的部署、运营及维护的挑战，这主要是由于网络存在各种无线接入技术，且网络节点覆盖能力各不相同，它们之间的关系错综复杂。因此，自组织网络(Self-Organizing Network，SON)的智能化将成为 5G 网络必不可少的一项关键技术。

(3) 内容分发网络。在未来 5G 中，面向大规模用户的音频、视频、图像等业务急剧增长，网络流量的爆炸式增长会极大地影响用户访问互联网的服务质量。如何有效地分发大流量的业务内容，降低用户获取信息的时延，成为网络运营商和内容提供商面临的一大难题。仅仅依靠增加带宽并不能解决问题，它还受到传输中路有阻塞和延迟、网站服务器的处理能力等因素的影响，这些问题的出现与用户服务器之间的距离有密切关系。内容分发网络(Content Distribution Network，CDN)会对未来 5G 网络的容量与用户访问具有重要的支撑作用。

(4) D2D 通信。相对于其他不依靠基础网络设施的直通技术而言，D2D 更加灵活，既可以在基站控制下进行连接及资源分配，也可以在无网络基础设施的时候进行信息交互，最近又提出一种中继情况，处于无网络覆盖情况下的用户可以把处在网络覆盖中的用户设备作为跳板，从而接入网络。在未来 5G 网络中，网络容量、频谱效率需要进一步提升，更丰富的通信模式以及更好的终端用户体验也是 5G 的演进方向，而设备到设备(Device-to-Device，D2D)通信具有潜在的提升系统性能、增强用户体验、减轻基站压力、提高频谱利用率的前景。因此，D2D 通信是未来 5G 网络中的关键技术之一。

(5) M2M 通信。M2M(Machine-to-Machine)通信作为物联网在现阶段最常见的应用形式，在智能电网、安全监测、城市信息化、环境监测等领域实现了商业化应用。

3GPP 已经针对 M2M 网络制定了一些标准，并已立项开始研究 M2M 关键技术。

根据全球第二大市场研究咨询公司 MarketsandMarkets 数据显示，2017 年全球 M2M 设备连接数达到 14.7 亿，到 2023 年，全球 M2M 设备连接数已达到 44 亿，主要的增长驱动力来自新兴市场渗透率的提高以及 3G 向 4G 的升级换代。因此，研究 M2M 技术对 5G 网络的发展具有非比寻常的意义。

(6)信息中心网络。随着实时音频、高清视频等服务的日益激增，基于位置通信的传统 TCP/IP 网络无法满足海量数据流量分发的要求。网络呈现出以信息为中心的发展趋势。信息中心网络(Information Centric Network，ICN)的思想最早是 1979 年由 Nelson 提出来的，后来被 Baccala 强化。目前，美国的 CCN、DONA 和 NDN 等多个组织对 ICN 进行了深入研究。作为一种新型网络体系结构，ICN 的目标是取代现有的 IP。

(7)移动定位技术。随着科技的进步和人们对定位的要求越来越高，定位技术取得了飞跃性的发展。安装在手机中的各类 App 提供了各种服务，这些服务里面就包括了移动定位服务，用来获取用户的位置信息，并可在电子地图上表示出来。

(8)移动云计算。近年来，智能手机、平板电脑等移动设备的软硬件水平得到了极大的提高，支持大量的应用和服务，为用户带来了很大的方便。在 2030 年之前，全球将有 1 250 亿台设备连接到万物互联网，人们对智能终端的计算能力以及服务质量的要求越来越高。移动云计算将成为 5G 网络创新服务的关键技术之一。

(9)软件定义网络和网络功能虚拟化。随着网络通信技术和计算机技术的发展，"互联网+"、三网融合、云计算服务等新兴产业对互联网在可扩展性、安全性、可控可管等方面提出了越来越高的要求。软件定义网络(Software Defined Networking，SDN)和网络功能虚拟化(Network Function Virtualization，NFV)作为一种新型的网络架构与构建技术，其倡导的控制与数据分离、软件化、虚拟化思想，为突破现有网络的困境带来了希望。

(10)软件定义无线网络。无线网络面临着一系列的挑战。首先，无线网络中存在大量的异构网络，如 LTE、Wimax、UMTS、WLAN 等，异构无线网络并存的现象将持续相当长的一段时间。目前，异构无线网络面临的主要挑战是难以互通，资源优化困难，无线资源浪费，这主要是由于现有移动网络采用了垂直架构的设计模式。此外，网络中的一对多模型(即单一网络特性对多种服务)，无法针对不同服务的特点提供定制的网络保障，降低了网络服务质量和用户体验。因此，在无线网络中引入 SDN 思想将打破现有无线网络的封闭僵化现象，彻底改变无线网络的困境。

(11)情境感知技术。随着海量设备的增长，未来的 5G 网络不仅承载人与人之间的通信，而且还要承载人与物之间以及物与物之间的通信，既可支撑大量终端，又使个性化、定制化的应用成为常态。情境感知技术能够让未来 5G 网络主动、智能、及时地向用户推送所需的信息。

5G 的标志性能力指标为"Gbps 用户体验速率"，一组关键技术包括大规模天线阵列、超密集组网、新型多址、全频谱接入和新型网络架构。大规模天线阵列是提升系统频谱效率的最重要技术手段之一，对满足 5G 系统容量和速率需求将起到重要的支撑作用；超密集组网通过增加基站部署密度，可实现百倍量级的容量提升，是满足 5G 千倍容量增长需求的最主要手段之一；新型多址技术通过发送信号的叠加传输来提升系统的接入能力，可有效支撑 5G 网络千亿设备连接需求；全频谱接入技术通过有效利用各类频谱资源，可有效缓解 5G 网络对频谱资源的巨大需求；新型网络架构基于 SDN、NFV 和云计算等先进技术可实现以用户为中心的更灵活、智能、高效和开放的 5G 新型网络。

第二节　移动无线互联网

1865 年，英国物理学家麦克斯韦在《电磁场的动力学理论》中证明了电磁波的存在；1895 年，意大利电气工程师和发明家马可尼利用电磁波进行远距离无线电通信取得了成功；1901 年，马可尼又成功实现了横跨大西洋彼岸的通信；1906 年，费森登在美国进行了历史上首次无线电广播。此后，人类社会进入了无线电通信时代。

一、无线通信系统

无线通信系统是指利用电磁波在空间传播完成信息传输的系统。最基本的无线通信系统由信源、发射机、无线信道、接收机和信宿组成，如图 2-5 所示。

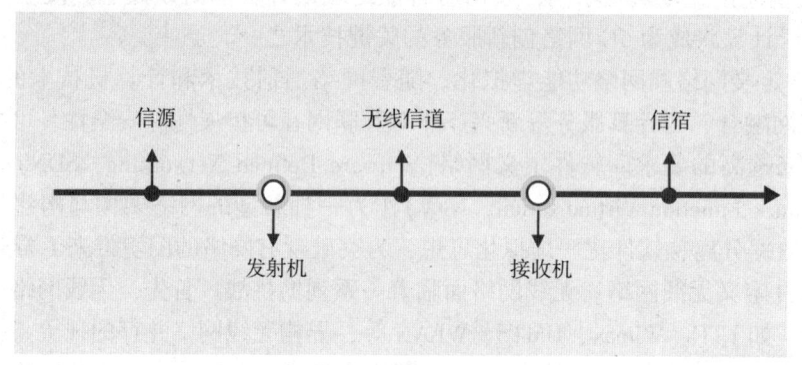

图 2-5　无线通信系统

（1）发射机的主要任务是完成有用的低频信号对高频载波的调制，将其变为在某一中心频率上具有一定带宽，适合通过天线发射的电磁波。通常，发射机包括三个部分：高频部分、低频部分和电源部分。典型的超外差式调幅发射机系统原理框图如图 2-6 所示。

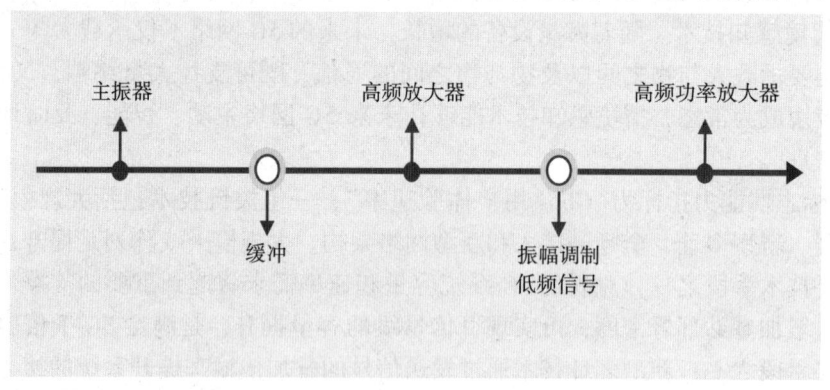

图 2-6　超外差式调幅发射机系统原理框

（2）接收机的主要任务是从已调制 AM 波中解调出原始有用信号，主要由输入电路、混频电路、中频放大电路、检波器、低频电压放大器和低频功率放大电路组成。典型的超外差式调幅接收机系统原理框图如图 2-7 所示。

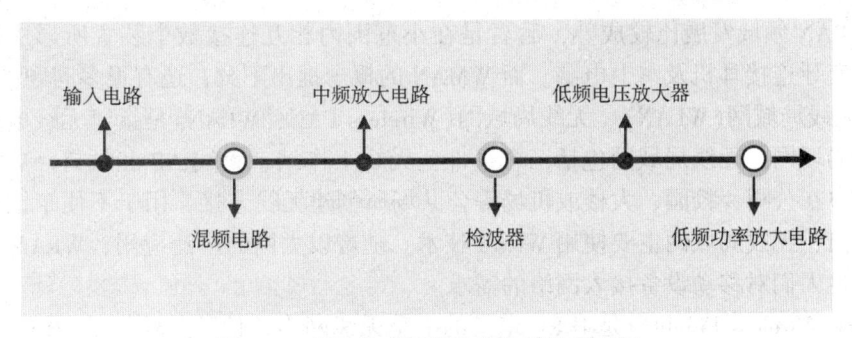

图 2-7　超外差式调幅接收机系统原理框

当无线用户之间可以直接进行通信时，就称为点对点通信。根据用户之间信息传送的方向，可以分为单工通信与双工通信。单工通信就是只有从发射机到接收机这一个方向，消息只能单方向传输。通常所说的通信都是双工通信，即消息可以在两个方向上进行传输，例如手机通信。

二、无线网络

无线网络既包括允许用户建立远距离无线连接的全球语音和数据网络，也包括为近距离无线连接进行优化的红外线技术及射频技术。当无线用户之间由于距离或其他原因，不能直接进行信息传输而必须通过中继方式进行时，称为无线网络通信方式。网络可以有多种形式，最经典的是星状网络，位于网络中央的中继器可以是移动网络的基站，它由发射机和接收机组成，可以将来自一个无线设备的信号中继到另一个无线设备，保证网络内的用户通信。无线接入点拓扑结构如图 2-8 所示。

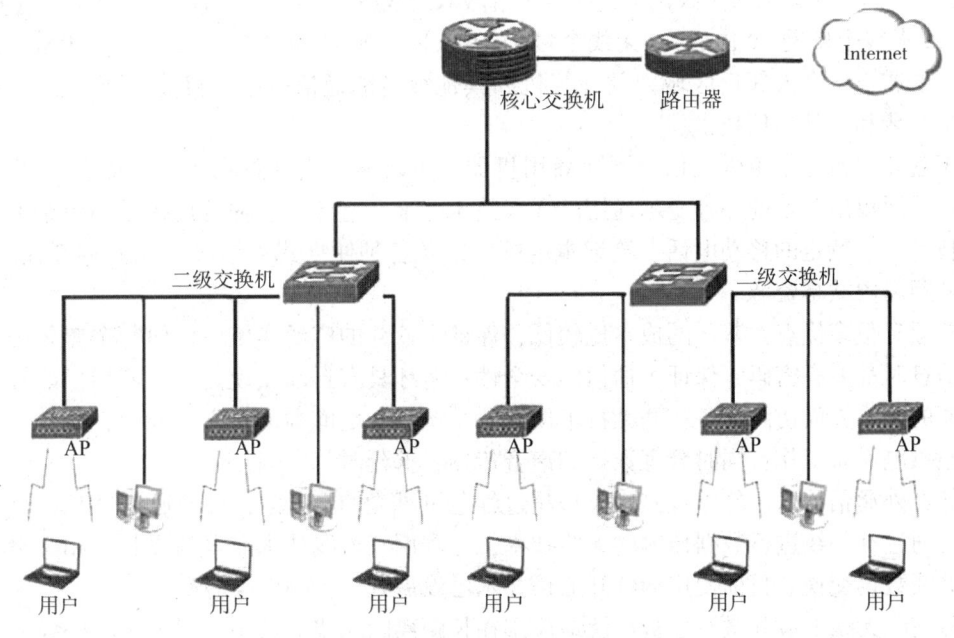

图 2-8　无线接入点拓扑结构

整个无线网络可以划分为四个范畴：无线广域网(WWAN)、无线城域网(WMAN)，无线局域网(WLAN)和无线个域网(WPAN)。从范畴上来看，无线网络目前只是在 WLAN

领域和 WPAN 领域发展比较成熟，后者是在小范围内相互连接数个装置所形成的无线网络，例如蓝牙连接耳机及掌上电脑。而 WMAN 的概念提出不久，还有很多问题尚未解决。

（1）无线局域网（WLAN）。无线局域网（Wireless LAN，WLAN）是指以无线电波作为传输媒介的局域网。无线局域网包括三个组件：无线工作站、无线 AP 和端口。WLAN 技术可以使用户在公司、校园、大楼或机场等公共场所创建无线连接，用于不便于铺设线缆的场所。目前，无线局域网主要使用 Wi-Fi 技术。随着以太网的广泛应用，WLAN 能在一定程度上满足人们对移动设备接入网络的需求。

Wi-Fi（Wireless Fidelity）是 IEEE 定义的一个无线网络通信的工业标准（IEEE802.11），在无线局域网的范畴是指"无线相容性认证"，同时也是一种无线联网的技术，通过无线电波来连接网络，可以将个人电脑、手持设备（如 Pad、手机）等终端以无线方式互相连接。Wi-Fi 的图标如图 2-9 所示。

图 2-9　Wi-Fi 的图标

目前，除了家庭网络外，还没有完全建立在无线技术上的网络。使用 Wi-Fi 技术配置的网络常常与现有的有线网络相互协调共同运行。Wi-Fi 一方面可以通过无线电波与无线网络相连，另一方面可以通过无线网关连接到无遮蔽双绞线（Unshield Twisted Pair，UTP）电缆。

（2）无线个域网（WPAN）。无线个域网（Wireless Personal Area Network，WPAN）是通过无线电波连接个人邻近区域内的计算机和其他设备的通信网络。目前主要的 WPAN 技术就是蓝牙和红外通信技术。

①蓝牙。蓝牙是由爱立信、国际商用机器、英特尔、诺基亚和东芝五家公司于 1998 年 5 月共同提出开发的一种全球通用的无线技术标准。蓝牙是一种替代线缆的短距离无线传输技术，使特定的移动电话、笔记本电脑，以及各种便携式通信设备能够相互在 10 米左右的距离内共享资源。

蓝牙有很多优点：蓝牙的成本比较低，保证了蓝牙的广泛实施；任何一个蓝牙设备在传输信息时都要有密码，保证了通信的安全性；蓝牙具有自动发现能力，使用户能够通过很简便的操作界面访问设备；联频技术使蓝牙系统具有足够高的抗干扰能力；低功率，便于电池供电设备工作；同时管理数据和声音传输；低延时。

②红外通信技术。红外线是指波长超过红色可见光的电磁波，红外通信（IrDA）顾名思义就是通过红外线进行数据传输的无线技术，是利用红外线技术在电脑或其他相关设备间进行无线数据交换。目前使用的红外通信技术已发展到了 16 Mb/s 的速率。

目前，无线电波和微波已被广泛地应用在长距离的无线通信中，但由于红外线的波长较短，对障碍物的衍射能力差，所以更适合应用在需要短距离无线通信的场合，进行点对点的直线数据传输。随着移动计算和移动通信设备的日益普及，红外通信已经进入了一个发展的黄金时期。目前，红外通信在小型的移动设备中获得了广泛的应用，包括笔记本电脑、掌上电脑、游戏机、移动电话、仪器和仪表、MP3、数码相机以及打印机之类的计算机外围设备等。

（3）无线城域网（WMAN）。无线城域网（Wireless Metropolitan Area Network，WMAN）采用无线电波使用户在主要城市区域的多个场所之间创建无线连接，而不必花费高昂的费用铺设光缆、电缆和租赁线路。IEEE 为无线城域网推出了 802.16 标准，同时业界也成立了类似 Wi-Fi 联盟的 WiMax 论坛。

WiMax 的全名是微波存取全球互通（Worldwide Interoperability for Microwave Access），WiMax 应用主要分成两个部分：一个是固定式无线接入，另一个是移动式无线接入。现阶段的主要应用系统为以 IEEE802.16d 标准为主的固定宽带无线接入系统和以 IEEE802.16e 标准为主的移动宽带无线接入系统。WiMax 也有自身的许多优势，如能实现更远的传输距离，提供更高速的宽带接入，提供优良的"最后一公里"网络接入服务，提供多媒体通信服务，应用范围广。

（4）无线广域网（WWAN）。无线广域网（Wireless Wide Area Network，WWAN）是指覆盖全国或全球范围内的无线网络，提供更大范围内的无线接入。它的特点传输距离<15 km，传输速率大概 3Mbps，发展速度更快。

第三节　移动通信终端

移动通信终端（移动终端）就是指能接受移动通信服务的机器，是移动通信系统的重要组成部分，移动用户可以通过移动通信终端接入移动通信系统，使用所有移动通信服务业务，由此可见移动通信终端十分重要。

一、移动通信终端设备

移动通信终端设备现在非常多，个人移动通信终端设备主要包括手机、掌上电脑、笔记本电脑、GPS 定位设备等。按照网络的不同，有 GSM、CDMA、WCDMA、TD-SCDMA 等；按照结构的不同，有直板机、折叠机和滑盖机的区分；各种移动通信终端设备对使用者来说没有太大的区别，主要是运营商不同，包括中国移动、中国联通、中国电信；功能上大同小异，但是外观上千差万别。

（1）手机。手机通常被视为集合了个人信息管理和移动电话功能的手持设备。日本及我国港台地区通常称为手提电话、携带电话，早期又有"大哥大"的俗称，是可以在较广范围内使用的便携式电话终端。手机按性能分为智能手机和非智能手机。目前手机已发展至 5G 时代。

（2）掌上电脑。掌上电脑属于个人数字助理（Personal Digital Asistant，PDA）的一种。正如"掌上电脑"这个名字一样它在许多方面和我们的台式电脑相像。比如，它同样有 CPU 存储器、显示芯片以及操作系统等。掌上电脑和台式电脑的区别就是一个可以在移动中进行个人数据处理，一个是在固定点进行个人数据处理。这种手持设备集合了办公、电话、传真和网络等多种功能，人们不仅可以用它来管理个人信息，还可以上网浏览、收发 E-mail，发传真，甚至可以当作手机来用，并且这些功能都可以通过无线方式实现。

（3）笔记本电脑。笔记本电脑是台式个人电脑（PC）的微缩与延伸产品，也是用户对电脑产品更高需求的必然产物。其发展趋势是体积越来越小，重量越来越轻，而功能却越来越强大。其便携性和备用电源使移动办公成为可能，因此其市场容量扩展迅速。

（4）GPS定位设备。全球定位系统（Global Position System，GPS）是在全球范围内实时进行定位、导航的系统。GPS功能必须具备GPS终端、传输网络和监控平台三个要素，缺一不可。GPS定位设备功能包括全球卫星定位、电子导航、语音提示、偏航纠正等，GPS导航系统现在已经被广泛使用。

二、移动通信终端设备的技术特征

移动通信终端设备（移动设备、移动终端设备）不同于传统的固定办公设备（固定设备），它有许多特殊的技术特征。典型的移动通信终端设备一般包括输入工具、一个以上的显示屏幕、一定的计算和存储能力以及独立的电源。移动设备的主要特性如下：

（1）移动设备的显示屏幕小，而大多数设备使用多义键盘，通过按键来确定具体语义，操作起来比较麻烦，可操作性差。

（2）移动设备都是依靠电池来维持的，而电池的使用期限很短。电池技术尽管一直在不停地发展，但容量仍是限制因素之一。

（3）移动设备内存、磁盘的容量比传统的固定设备要小很多。

（4）移动设备的安全性较差。

移动设备已经向智能化方向发展，不仅是通信的工具，更是技术发展、市场策略和用户需求的体现。因此，受到移动互联网和物联网等战略发展方向的影响，移动设备正在向通信终端融合化和各类物品通信化发展。移动设备的发展趋势见表2-2。

表2-2 移动设备的发展趋势

通信终端融合化	以通信终端为基础，通过融合各类业务和功能，实现手机的多功能化
各类物品通信化	在物联网时代通过嵌入式智能芯片和各类中间件技术，可以使物品和物品间进行通信，并实现人对物品的管理

第四节 移动通信操作平台及系统

一、移动通信操作平台

目前主要有三种移动通信操作平台（移动应用平台）分别是移动消息平台、移动网络接入（WAP）平台以及交互式语音应答（IVR）平台。

（1）移动消息平台。移动消息平台主要包括短信息服务和多媒体信息服务，这些服务都可用于建立点对点的短信业务平台，在此基础上也可以开发各种增值服务。

短信息服务（Short Message Service，SMS）是指在无线电话或传呼机等无线设备之间传递小段文字或数字数据的一种服务，而且也是现在普及率最高的一种短消息业务。SMS短信以简单方便的使用功能受到大众的欢迎。不过，在内容和应用方面存在技术标准的限制。随着短信息的逐步流行，增强型信息服务（EMS）使用了SMS技术并新增了对声音、图像和动画的支持。

多媒体信息服务(Multimedia Message Service，MMS)通常又称为彩信。它和 SMS 相比最大的特色就是支持多媒体功能。MMS 能够传递功能全面的内容和信息，包括图像、音频信息、视频信息、数据以及文本等多媒体信息。MMS 还可以和手机摄像头结合，可以将手机上拍的照片通过 MMS 传给亲朋好友。但是，无论是发送还是接收信息，MMS 都需要 GPRS 技术的支持。

(2)移动网络接入(WAP)平台。WAP 平台是开展移动电子商务的核心平台之一。通过 WAP 平台，手机可以方便快捷地接入互联网，真正实现不受时间和地域约束的移动电子商务。WAP 是一种通信协议，它是基于在移动中接入因特网的需要提出和发展的。WAP 提供了一套开放、统一的技术平台和一种应用开发、应用环境，用户使用移动设备可以很容易地访问和获取因特网或企业内部网信息和各种服务。

WAP 应用模型由 WAP 客户端、WAP 网关和 WAP 内容服务器三部分组成，这三者缺一不可。WAP 客户端主要指支持 WAP 协议的移动设备，如 WAP 手机。WAP 网关是 WAP 应用实现的核心，由协议网关和内容编解码器两部分组成。WAP 内容服务器存储着大量的信息，使 WAP 手机用户可以访问、查询、浏览等。

要想在移动设备上获得丰富的信息内容，除了需要无线通信协议外，还需要一种标记语言，以描述信息的展现格式。无线标记语言(Wireless Markup Language，WML)用浏览器进行阅读，而 WML 编写的内容在移动设备的 WAP 浏览器上的功能类似于 HTML 语言。HTML 编写的内容可以为电脑提供文本浏览、数据输入、图像和表格呈现以及按钮和超级链接等功能。

(3)交互式语音应答(IVR)平台。交互式语音应答(Iterative Voice Response，IVR)平台是呼叫中心的重要组成部分，在呼叫过程中起着不可替代的作用。IVR 平台自动与用户进行交互式操作的业务。当客户联系呼叫中心时，首先接入 IVR 平台，在确认用户信息后，根据 IVR 平台给出的提示信息，用户根据提示进行互动操作，从而得到所需要的服务。若用户的问题在 IVR 平台内得不到解决，则转向人工热线服务。移动 IVR 平台还可以利用手机终端独有的收发短信功能，实现语音和短信的互动。

随着呼叫中心信息服务的发展，IVR 平台提供的功能急剧增长，用户就要对 IVR 平台有很深的了解，很多用户觉得 IVR 平台操作烦琐而选择人工服务，这就会降低 IVR 平台的利用率。但相信随着技术的发展，IVR 平台将成为继移动消息平台和 WAP 平台之后，又一个能提供综合业务服务的移动应用平台。

二、移动通信操作系统

操作系统是对计算机系统内各种硬件和软件资源进行控制和管理、有效地组织多道程序运行的系统软件，是用户与计算机之间的接口。以前广泛认为操作系统就是计算机所拥有的，现在手机也应用了操作系统，称为移动通信操作系统。

计算机操作系统主要分为两种：一种是 Windows 类，如 Windows 2000、Windows XP、Vista、Win 11，它们的关系都是后者为前者的升级版本；另一种是 UNIX 类，包括 UNIX、Linux 等，相互之间兼容性较好。而手机上采用的操作系统有 Windows Mobile、Android、iOS。下面就分别介绍这些移动通信操作系统。

(1)Windows Mobile 操作系统(Windows Mobile)。Windows Mobile 操作系统是微软为手持 PC 开发的通用操作系统，是开放的、可裁剪的、32 位的实时嵌入式窗口操作系统。

Windows Mobile 系列操作系统主要包括 Pocket PC、Smart Phone。

  Windows Mobile 软件分为四层：硬件层（存储和运行操作系统的存储单元）、OAL 层（建立操作系统与外部设备的通信）、操作系统服务层（提供操作系统的服务）和应用层（实现网络客户端、应用个性化等）。

  相比其他智能手机操作系统，Windows Mobile 的缺点在于其操控显得更复杂，系统运行速度比较慢。比起 iOS、Android 等系统，同样采用触摸屏操作的 Windows Mobile 手机操作系统在操控体验方面差距明显。

  （2）Android 操作系统（Android）。Android 是 Google 于 2007 年 11 月 5 日宣布的基于 Linux 平台的开源手机操作系统，该平台由操作系统、中间件、用户界面和应用软件组成。

  Android 系统架构由以下五部分组成：

  ①Linx Kernel（Linux 内核）。Android 的核心系统服务依赖于 Linux 2.6 内核，如安全性、内存管理、进程管理和驱动模型。同时，Linux 内核也是硬件和软件之间的抽象层。除了标准的 Linux 内核外，Android 还增加了内核的驱动程序：Binder（IPC）驱动、显示驱动、输入设备驱动、音频系统驱动、摄像头驱动、Wi-Fi 驱动、蓝牙驱动、电源管理。

  ②Android Runtime（Android 运行库）。Android 的核心类库具有 Java 编程语言核心库的大部分功能。每个 Android 应用都运行在自己的进程上，享有 Dalvik 虚拟机为它分配的专有实例，Dalvik 虚拟机依赖于 Linux 内核的某些功能。

  ③Libraries（程序库）。Android 包含一套 C/C++ 库，Android 系统的各式组件都在使用这些库。这些功能通过 Android 应用框架为开发人员提供服务。

  ④Application Framework（应用框架）。在 Android 系统中，开发人员可以完全访问核心应用程序所使用的 API 框架，其中包括视图（Views）、内容提供器（Content Provider）、资源管理器（Resource Manager）、通知管理器（Notification Manager）和活动管理器（Activity Manager）等。

  ⑤Applications（应用程序）。Android 会和一系列核心应用程序一起发布，该应用程序包括 E-mail 客户端、SMS 短消息程序、日历、地图、浏览器、联系人管理程序等。所有的应用程序都是使用 Java 语言编写的。

  （3）iOS 操作系统（iOS）。iOS 操作系统是由苹果公司为 iPhone 开发的操作系统。它主要是给 iPhone 和 iPod touch 使用。原本这个系统名为 iPhone OS，直到 2010 年 6 月 7 日 WWDC 大会上宣布改名为 iOS。iOS 的系统架构分为四个层次：核心操作系统层（Core OS）、核心服务层（Core Sevices）、媒体层（Media）、可轻触层（Cocoa Touch）。

  ①Core OS：提供了整个 iPhone OS 的基础功能。

  ②Core Services：为所有应用提供基础系统服务，提供了日历和时间管理等功能。

  ③Media：提供了图像、音频、视频等多媒体功能。

  ④Cocoa Touch：开发 iPhone 应用的关键框架，呈现应用程序界面上的各种组件。

本章小结

  随着科学的进步、社会的发展，移动通信成为目前通信技术中发展最快的一个领域，社会也进入了信息时代。人们可以使用移动电话和别人联系，可以看新闻、上网、开会等等，并且我国移动电话用户量每年都以惊人的速度增长，移动通信取得了巨大的成就。我们经常用收音机收听广播电台节目，在电台节目接收过程中，电台播音员（节目源）产生信号，发射机通过发射天线发射信号，收音机接收信号，电台播音员、发射机、天线和收音机、听众组成了一个基本的无线通信系统。

关键术语

移动通信技术、移动无线网络、移动通信终端、移动通信操作平台及系统。

配套实训

1. 移动通信与传统通信的区别是什么？
2. 目前主流的移动通信有哪些？
3. 搜集有关移动通信的企业，体会移动通信在现实生活中的作用。
4. 移动通信终端设备的发展趋势如何？

课后习题

一、单项选择题

1. 移动通信的类型，按覆盖范围可分为广域网和（　　）。
   A. 专用网　　　　B. 局域网　　　　C. 公用网　　　　D. 模拟网
2. 1906 年，费森登在（　　）实现了历史上首次无线电广播。
   A. 美国　　　　　B. 英国　　　　　C. 德国　　　　　D. 意大利
3. 目前主要有三种移动应用平台，分别是移动网络接入平台、交互式语音应答平台和（　　）。
   A. 移动消息平台　　B. 移动无线平台　　C. 移动个人平台　　D. 移动联系平台
4. 5G 网络创新服务的关键技术之一是（　　）。
   A. M2M 通信　　　B. D2D 通信　　　C. 移动云计算
5. 未来 5G 网络中必不可少的一项关键技术是（　　）。
   A. 内容分发网络　　B. 自组织网络　　C. 超密集异构网络

二、多选题

1. 移动通信系统的特点有移动通信必须利用无线电波进行信息传输、通信是在复杂的干扰环境中运行的、移动通信业务量大，覆盖区域广。下列哪些属于移动通信系统工作方式？（　　）
   A. 同频单工　　　B. 异频单工　　　C. 异频双工　　　D. 半双工
2. 移动通信的特点包括（　　）。
   A. 移动通信必须利用无线电波进行信息传输

B. 具有复杂的电波传播环境

C. 通道容量有限

D. 干扰大，需采用抗干扰措施

3. 个人移动通信终端设备主要包括(　　)。

A. 手机　　　　B. GPS定位设备　　　C. 笔记本电脑　　　D. 掌上电脑

三、填空题

1. 移动通信有多种方式，可以双向工作，如集群移动通信、无绳电话和蜂窝移动电话通信，按覆盖范围可分为_____和_____。

2. 移动通信技术按使用环境可以分为_____、_____、_____。

3. 无线网络既包括允许用户建立远距离无线连接的_____，也包括为近距离无线连接进行优化的_____。

4. 5G的标志性能力指标为"Gbps用户体验速率"，一组关键技术包括_____、_____、_____、_____和_____。

5. GPS功能必须具有_____、_____、_____三个要素。

四、简答题

1. 简述第四代移动通信技术的核心技术。

2. 5G技术相比于4G技术有哪些演化，具有哪些特点？

3. 手机上采用的操作系统有哪些？

第三章　移动电子商务营销

知识目标

(1) 掌握移动电子商务营销的定义和特点。
(2) 了解移动电子商务营销的发展趋势。
(3) 比较各种 App 营销的优点。

素养目标

(1) 准确把握营销规律，善于分析和解决营销问题。
(2) 促进学生运用更专业的分析法和应用工具，挖掘数据深层的内容，更加精准营销。

导入案例

王小明是一家公司的营销策划，他们公司主要经营的是一本时尚杂志与一本娱乐杂志。近几年公司已经慢慢地开始向电子商务方向渗透，在这方面营销部做了很多策划，例如建设经营公司主页、开设订阅店铺、电子订阅等一系列措施，并且取得了不错的成果。移动电子商务越来越被重视，王小明感觉到公司想要继续发展就得顺应时代的变化，踏入移动电子商务行业。为了能够更好地融入移动电子商务行业，王小明要为公司的产品制定一个行之有效的营销计划。

讨论：假设你是王小明，你如何解决以下移动电子商务营销策略问题：
1. 移动电子商务的主要营销模式有哪些？
2. 如何选择移动电子商务营销方法？

第一节　移动电子商务营销概述

一、移动电子商务营销的特点

移动电子商务营销是指面向移动终端(手机或平板电脑等移动设备)用户，在移动终端上直接向细分的目标受众定向和精准地传递个性化的即时消息，通过与消费者的信息互动达到市场营销的目的，最终使企业的利润增加。

无论消费者是在行走中，还是在车上或其他消费场景中，企业都能通过移动终端获取消费者的相关信息，并在云技术和大数据技术的帮助下，及时有效地对客户进行分众识别；通过社交媒体，企业可以很便捷地与消费者建立"一对一"的沟通渠道，为其发送个性化的广告形式，并且通过互动跟踪监控传播效果，并随时进行动态调整，从而最大限度地达成传播目标。

随着市场环境的变化，市场营销理论也发生了三次典型的变迁，即以满足市场需求目标的4P理论、以追求顾客满意为目标的4C理论和以建立顾客忠诚为目标的4R理论。

但是，从4P到4R都是"粗放型"的营销理论，相比之下，移动电子商务营销则更加丰富和细腻。移动电子商务营销具有鲜明的可量化、能互动、能识别、及时快速的特征，这些特征可以将消费者与企业更加紧密地结合在一起，使营销理论和实践向更深、更广的层次发展。

在移动电子商务营销逐渐占据主流的大背景下，有关专家提炼出了可以更好地应用在移动电子商务营销上的"4I"理论模型，4I分别代表分众识别(Individual Identification)、即时信息(Instant Message)、互动沟通(Interactive Communication)和我的个性化(I)。

(1) 分众识别：即识别分众对象并与其建立"一对一"的关系。分众经过精细化识别后得到的结果就是个体消费者。对于移动电子商务营销来说，消费者是独一无二的。识别分众对象后就可以利用手机与其进行"一对一"的沟通。虽然消费者对品牌的忠诚度很难把握，但移动电子商务营销可以做到即时锁定，定向地向目标消费者展示广告。

(2) 即时信息：移动电子商务营销的随时性使得企业可以即时地与目标消费者进行沟通，提高市场反应速度。而当企业对消费者的消费习惯有所觉察后，可以在消费者最有可能产生购买行为的时间发布产品信息。定时发布营销信息需要对消费者的消费行为有量化的跟踪和调查，同时在技术上要有可以随时发布信息的手段。

(3) 互动沟通：互动就是参与。顾客的忠诚度并不牢固，他们会随时因为企业的促销活动而转移。要想保持顾客的忠诚度，赢得长期而稳定的市场，企业就需要与消费者形成一种互动、互求、互需的关系。在移动电子商务营销活动中，移动电子商务营销中的"一对一"互动关系必须对不同顾客(从一次性顾客到终生顾客之间的每种顾客类型)的关系营销的深度、层次加以甄别，对不同的需求识别出不同的分众，才能使企业的营销资源有的放矢。

(4) 我的个性化：个性化就是人性化。在移动互联时代，人就是信息传播的媒体，手机就是人的"感觉器官"。因此，对手机上所呈现的营销内容的个性化要求比以往任何时候都更加强烈。

从移动电子商务营销的四个特征可以看出，"互动"是移动电子商务营销的核心；"一对一"是移动电子商务营销的最大特点，它使得客户关系管理与维护变得更加精细化了；"个性化"和"及时性"则是移动电子商务营销的外在显著表现，资讯、社交、游戏、工具、金融等手机应用均因为个体的选择而极具个性化色彩，使移动电子商务营销的表现出类拔萃。

二、移动电子商务营销发展历程

在移动电子商务营销的发展历程中，营销形式呈现多样化，如图 3-1 所示。

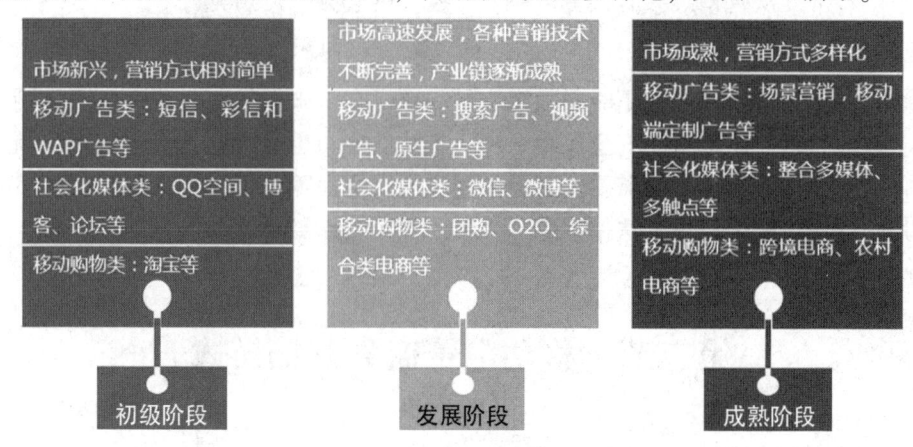

初级阶段	发展阶段	成熟阶段
市场新兴，营销方式相对简单	市场高速发展，各种营销技术不断完善，产业链逐渐成熟	市场成熟，营销方式多样化
移动广告类：短信、彩信和WAP广告等	移动广告类：搜索广告、视频广告、原生广告等	移动广告类：场景营销，移动端定制广告等
社会化媒体类：QQ空间、博客、论坛等	社会化媒体类：微信、微博等	社会化媒体类：整合多媒体、多触点等
移动购物类：淘宝等	移动购物类：团购、O2O、综合类电商等	移动购物类：跨境电商、农村电商等

图 3-1 移动电子商务营销的发展历程

现阶段，移动电子商务营销进入高速增长期，营销形式逐渐多样化，社会化媒体营销、直播营销、移动整合营销、移动大数据营销及程序化购买成为关注重点。商家可以利用移动互联网的私人性和场景化等优势，通过大数据技术对用户信息进行全面有效的利用，整合各种生态资源，构建更完整的移动电子商务营销生态链。

三、移动电子商务营销的发展趋势

1. 移动电子商务营销与技术融合加速

随着程序化购买相关技术的成熟与生态的完善，企业将会不断地转向程序化购买平台。这种购买广告的自动化方式有助于进行更好的大规模成本管理、增加预算花费的透明度，以及进行实时决策；HTML5 技术的完善，带给用户新颖的展示效果和趣味的活动营销；大数据技术的应用，实现对跨屏用户的追踪和广告精准投放。

未来，移动电子商务营销将尝试与更多的技术相融合，如"营销+VR"，移动电子商务营销追求的"深度互动""游戏化""定制化内容"和"感应式实时反馈"。

2. 注重用户体验

传统的插屏、Banner 等广告形式严重影响用户的体验，特别是移动端用户。原生广告融合了网站或是应用程序的用户体验，并且作为更具"破坏性"的替代品，已经成了一种流行的社交媒体及移动设备营销工具。与其制作一个会打断游戏的弹窗广告，倒不如以一种更合理的方式在游戏中为完成某一阶段的玩家提供品牌奖励。

3. 社会化媒体营销

社会化媒体拥有近20亿的活跃账号，已经成为营销的重要战场。社会化媒体营销利用社交关系实现精准投放，借助社交平台的海量用户数据分析，将广告准确推送到合适用户；利用社交关系的扩散性实现裂变传播，放大社交广告的传播范围和广告效果；利用社交媒体实现原生广告传播，在不打扰用户的基础上完成产品推送。

未来，社会化媒体营销将从广告创意为主转向以数据支撑为主。基于移动端的大数据越来越成为营销重要的战略资产，数据的挖掘、分析与应用，将使未来的社会化媒体营销更加科学、精准，从营销效果看，更可视、可控、可监测、可预见。

4. 解决安全性问题

安全性问题是电子商务营销时必须解决的问题，在未来的发展过程中，各大网络运营商一定会建立移动互联网络的安全保障系统。各软件公司也会不断地进行技术革新，提高应用软件的安全性能。同时还需要国家提供相应的安全保障政策，例如现行的实名认证机制，为用户的财产安全提供了法律保障。

第二节　移动电子商务营销模式

一、品牌提升模式

品牌提升模式是指企业通过广告、公关、促销等手段及合适的媒介平台传播品牌信息，提高大众对品牌及企业的认知度，增强客户对品牌的忠诚度。品牌提升模式因品牌所处行业及发展时期不同，其侧重点也不同。新兴行业或高科技行业多是从品牌属性的角度进行提升，而成熟行业或奢侈品行业则着重从品牌精神的角度进行提升。

企业实施品牌提升模式的前提是品牌资产已经建立，如果品牌的赢利能力趋于下降，就有必要对品牌进行提升活动，以应对激烈的市场竞争。企业基于品牌形象、企业文化、企业长远发展考虑，有意识地进行一些赞助活动或慈善活动，可提高品牌形象和价值。

二、商品推广模式

移动电子商务营销最重要的目的是通过移动电子商务营销工具和手段，让消费者买单，从而实现商家的商品或服务的推广和销售，这种模式就是移动电子商务营销的商品推广模式；即商家通过移动平台进行商品信息的展示和传播，让目标受众直接或间接地获取商品信息，进而产生购买和消费的潜在需求和行动。

随着互联网和移动网络技术的发展，在商业应用中商品和服务的推广是核心，也是众多中小商家和企业最显著和直接的商业诉求。利用移动电子商务营销工具进行商品的推广成为最大的现实需求，同时消费者和客户也能享受商家便捷的移动电子商务营销服务，促使商品推广销售的发展越来越成熟。

三、定位服务模式

定位服务（位置服务）又称为基于位置的服务（Location Based Service，LBS），是由移动通信网络和卫星定位系统结合在一起提供的一种增值业务。它通过一组定位技术获得移动终端的位置信息，提供给移动用户本人、他人及通信系统，实现各种与位置相关的新型服务业务。

本地化移动电子商务营销是人、位置、移动媒体的结合。由于广告主及数字广告代理商不断寻求一种既具有高度本地化，又具有高度相关性的商品信息传递方式，使得本地化移动电子商务营销得以快速发展。

在移动互联网大发展的趋势下，各类应用蓬勃发展，特别是嵌入了位置服务（LBS）功能后，更实现了爆发式增长，微信、微博、移动阅读、移动娱乐等应用，为人们的生活提供了极大便利。定位服务成为移动互联网应用的重要突破口，定位服务模式也成为移动电子商务营销领域重要的一种服务模式。从整体看，定位服务的内容主要包括以下三个方面：

1. 位置交友类应用

近年来，通过位置与人聊天互动的交友类应用非常热门，一旦置入了位置信息，社交网站就活了。它可以将虚拟的网络关系转化为线下的真实关系，同时这也为商家提供了商机。微信、微博等就属于这类应用。

2. 工具类应用

位置服务的工具类应用是指地图、导航及生活服务的各种应用。围绕这些应用，将生活的各个方面进行互联，使人们的生活变得更加方便快捷。

3. 位置服务功能

传统的位置服务指的是车辆管理、位置信息查询等服务。

位置服务应用开发需要产业合作，整个行业不断整合，以及整个位置服务的生态链上众多合作伙伴的共同努力。在开发的环境下，整个行业共享成果，在良好的机制下实现共赢。

四、交流互动模式

移动电子商务营销的核心之一是用户的参与交流和互动，交流和互动不仅仅局限于商家与用户之间，用户与用户之间的交流和互动在移动电子商务营销中占据着越来越重要的地位，商家更应该注重设计和引导用户之间的沟通、交流和互动，形成口碑传播，更好地服务于营销战略。

内容方面：可以基于产品功能、使用方法、营销活动、共同的兴趣爱好、容易产生情感共鸣的话题等策划发布移动电子商务营销交流互动的信息。

形式方面：商家与用户之间，以及用户与用户之间交流互动的平台，应包括但不限于论坛、社群，如贴吧、微博、群组等。商家可以通过官方微博和微信传播营销信息，使受众通过参与讨论进行二次传播，此外用户还可以根据自己的消费体验或其他营销信息接收渠道获取的相关信息，自主发起主题讨论，并引发涉及商家品牌及商品的话题传播，这会对移动电子商务营销产生巨大的影响。

第三节 App 营销

一、App 营销的类型

App 是英文 Application 的简称，原意指某种技术、系统或者产品的应用，现在多指安装在智能手机上的应用。App 营销即应用程序营销，指的是广告主通过使用智能手机、平板电脑等移动终端上安装的应用程序所展开的营销推广活动。App 营销除了能够直接发布网络广告，还是品牌与用户之间形成消费关系的重要渠道，也是连接线上、线下的天然枢纽。

App 不仅仅是移动设备上的一个客户端那么简单。App 给移动电子商务带来的流量已经远远超过传统互联网（PC 端）的流量，事实证明，各大电商平台向 App 的倾斜也是大势所趋。原因不仅仅是移动端每天增加的流量，更重要的是由于手机移动终端的便捷，为企业积累了更多的用户，使得用户的忠诚度、活跃度都得到了很大程度的提升，从而为企业创收和未来发展发挥着关键性的作用。

目前 App 营销的模式多种多样，而且还在继续发展之中，对各种基于 App 的营销活动也还没有形成统一的总结性认识。本书主要从企业利用自有 App 进行营销和利用他人 App 进行营销这两个方面进行分类。

1. 企业通过自有 App 进行营销

企业通过自有 App 进行营销一般有两种形式：一种是网站移植式 App，其形式多为购物类、社交类网站的手机客户端；一种是用户参与式 App，广告主通过开发有创意、互动性强的应用程序来吸引用户参与体验互动，从而达到营销目的，通常为规模较大的企业所采用。

（1）网站移植式 App。网站移植式 App 也被称为品牌 App，是指品牌商为了与用户互动，以达到传播企业信息的目的，而推出的量身定制的 App，此类 App 多为购物类、社交类网站的手机客户端。

企业主要使用品牌 App 来抢占人们线下的时间，以此来培育客户的品牌忠诚度，增加与客户接触频率。

（2）用户参与式 App。用户参与式 App 是指根据广告主的营销目标来制定产品内容，再结合目标群体对创意的需求，以吸引用户注意、使用和分享，并以持续吸引客户关注和深度参与为目的，而开发出的新奇的、有创意的 App。

用户参与式 App 不仅要求与企业品牌深度结合、有趣好玩，而且还要对用户具有长期的使用价值。通过这些给用户带来使用价值的 App，用户可以在一个有趣的体验下了解相关的品牌信息和最新发展，对企业和商品的好感度逐渐加深，同时可以对应用进行反馈或者分享给朋友进行信息的再传播。

2. 企业借助他人 App 进行营销

除企业的品牌 App 以外，大部分的广告主并没有自有的 App，需要根据品牌形象和传播诉求借助其他具有广告价值的 App 进行广告投放。

插入式广告是借助他人 App 进行营销推广最基本的模式，广告主通过植入广告的形式进行广告植入，当用户点击广告的时候就会进入网站链接，从而了解广告详情或者参与活动；这种模式操作简单，只要将广告投放到那些下载量比较大的应用上就能达到良好的传播效果。插入式广告的形式多种多样，一般分为 Banner 广告条、插屏广告、积分墙、Feed 广告。以下介绍几种常用 App 上的 App 营销。

二、微博营销

微博是微型博客的简称，即一句话博客，是基于用户关系的信息分享、传播以及获取的平台。微博作为一种信息分享和交流平台，非常注重时效性和随意性，比其他社交媒体工具更能表达人们的日常想法和呈现最新动态。特别是移动端微博的应用，使得传播信息的时间、状态和场景更加丰富，信息传播的效果也更加突出。目前国内最主要的微博平台就是新浪微博，其他微博平台已经渐渐退出了市场竞争。

1. 微博营销的定义

微博营销是指个人或企业借助微博平台进行的包括品牌推广、活动策划、形象包装、产品宣传等一系列的营销活动。每个"粉丝"都是企业潜在的营销对象，企业通过更新自己的微博内容向潜在客户传播企业信息、产品信息，及时与用户互动，或发布一些消费者普遍感兴趣的话题，以吸引消费者眼球，这样的方式就是微博营销。

微博营销注重价值的传递，互动性强、营销布局全面、对潜在客户定位准确，移动端的庞大用户规模也保证了营销效果的最大化，因此引起了各大企业的广泛关注。

2. 微博营销的特点

与传统的网络营销方式相比，微博营销有以下几个特点：

(1) 微博营销能有效降低企业营销成本。企业从事微博营销的成本很低，无须投入大量资金，只要用心运营，每天在微博上用心宣传，建立好企业微博矩阵，用优质的微博内容和有创意的活动进行推广，自然就会吸引大量消费者的关注和支持。

(2) 微博营销是挖掘潜在消费者的有力渠道。微博日益成为企业的必要部分，关注企业官方微博的人一般来说都是该企业的消费者或者说是潜在的消费者，企业可以有针对性地与这些消费者进行沟通，将消费者的"关注"转化为实际订单。

(3) 微博营销通过互动增强客户服务质量。微博营销有效拉近了企业和消费者之间的距离。微博上企业可以随时与消费者交流，听取他们的意见和反馈，这对于迎合消费者需求以及改进企业产品和服务质量有积极作用。

(4) 微博营销可以大幅提升企业自身影响力。如今网络发达，企业开通了微博，就可以利用微博营销这种新型的营销方式去宣传企业产品和企业自身，这对于提升企业整体形象和影响力有着重要作用。

(5) 微博营销是一种口碑营销、主动营销。一个好的微博内容，或者说微博内容是"粉丝"感兴趣的，它的转载速度会很快。每次"粉丝"转载，无疑都是对微博进行一次很好的口碑营销，通过"粉丝"的力量实现主动营销。

(6) 微博内容简短，营销直达核心。微博内容大多数要求简短，最长的微博通常不超过 140 字，微博的快餐式阅读让营销变得更快。

三、微信营销

微信营销是伴随着微信的火热而兴起的一种适合企业或个人的 App 营销方式。使用微信的双方不存在距离的限制，用户注册微信后，可以与任何同样注册为微信用户的"朋友"形成一种联系，并从朋友那里获取自己所需的信息。在这个过程中，商家通过为用户提供需要的信息，同时推广自己的产品，从而实现"一对一"的营销。

1. 微信营销的方式

微信中可以用来进行营销活动的功能大部分集中在微信"发现"模块与微信公众平台两个区域。其中，微信公众平台是微信为企业或个人营销专门建立的互动平台。

(1)微信朋友圈。通过朋友圈推广品牌或产品是微商创业的主要形式。由于只对熟人社交链展示广告，朋友圈营销具有较高的信任度，商品营销因此变得更加简单直接。

(2)扫一扫。扫一扫功能是微信创业中 O2O 商业模式落地的重要接口。通过扫一扫功能，微信用户可进行付款、加好友、获得商品链接等操作。

(3)摇一摇周边。在手机蓝牙打开的状态下，当用户在微信中打开摇一摇功能，如果处于 iBeacon 设备的信号范围内，手机屏幕会自动出现"周边"页卡，此时用户摇一摇就会获得企业推送的信息。摇一摇周边多被应用于公共交通工具、集会现场或者超市等人流量较大的地点。

(4)附近的人。通过附近的人的功能，商家可以将自己的产品或优惠信息通过名称或签名展示出来，当客户通过附近的人查看这些营销信息时，就有可能吸引客户到店消费。

(5)微信漂流瓶。微信漂流瓶是把营销信息放进漂流瓶里扔出去，用户主动捞起来就可以得到营销信息，微信漂流瓶采用随机方式来推送消息，简单且易用，适用于已有较大知名度的产品或品牌进行营销，以漂流瓶作为媒介来与客户进行互动。

(6)微信公众平台。在微信公众平台上，每个用户都可以打造属于自身的微信公众账号，并在微信公众平台上实现和特定群体的文字、图片、语音等的全方位沟通和互动。微信公众平台是企业进行微信营销的绝佳营销工具和互动平台。

(7)位置签名。商家可以利用"用户签名档"这个免费的广告位为自己做宣传，附近的微信用户就能看到商家的信息。

(8)微信开店。这里的微信开店(微信商城)并非微信"精选商品"频道升级后的腾讯自营平台，而是由商户申请获得微信支付权限并开设微信店铺的平台。微信开店一般可以开网页店铺和小程序店铺，小程序有着更流畅的使用体验，有着更多的高级功能，比如小程序直播、获取手机号、附近的小程序，等等。

2. 微信营销的优势

微信营销具有良好的互动性，在精准推送信息的同时更形成了一种朋友关系。基于微信的种种优势，借助微信平台开展客户服务营销也成为继微博之后的又一新兴营销渠道。微信营销具有以下优势：

(1)点对点精准营销。微信拥有庞大的用户群，借助移动终端、天然的社交和位置定位等优势，每个信息都是可以推送的，能够让每个个体都有机会接收到这个信息，继而帮助商家实现点对点精准化营销。

(2)强关系的机遇。微信的点对点产品营销注定了其能够通过互动的形式将普通关系发展成强关系，从而产生更大的价值。

(3) 形式灵活多样。目前可供企业或者个人选择的微信营销方式灵活多样，比如漂流瓶、附近的人、扫一扫等，企业或个人可根据自己产品的特点，选择合适的营销方式。

四、抖音营销

抖音是目前最热门的短视频平台之一，拥有者海量的用户群体，如何利用抖音的流量优势，进行营销推广，成了很多企业和个人十分关注的问题。所谓的抖音营销是指企业或个人在抖音平台上通过发布视频、直播、参与活动等方式，来推广自己的品牌或产品，从而达到营销目的的一种方式。

1. 常见的抖音营销模式

(1) 短视频营销：企业或个人通过发布短视频来宣传自己的品牌或产品，吸引用户的关注和购买。

(2) 直播营销：企业或个人通过在抖音平台上进行直播，向用户展示产品的特点和使用方法，吸引用户的关注和购买。

(3) 抖音挑战赛营销：企业或个人通过发起抖音挑战赛，吸引用户参与，提高品牌知名度和用户黏性。

(4) 抖音明星代言营销：企业或个人通过邀请抖音明星代言自己的品牌或产品，提高品牌知名度和用户黏性。

2. 抖音营销模式具体实施步骤

(1) 明确营销目标：企业或个人在开展抖音营销活动之前，首先需要明确自己的营销目标，例如提高品牌知名度、增加销售额、提高用户黏性等。

(2) 确定目标用户：企业或个人需要确定自己的目标用户，例如年龄、性别、地域等。

(3) 制定营销策略：企业或个人需要根据自己的营销目标和目标用户，制定相应的营销策略，例如发布短视频、发起挑战赛等。

(4) 制作营销内容：企业或个人需要制作符合自己营销目标和目标用户的营销内容，例如有趣的短视频、有奖的挑战赛等。

(5) 发布营销内容：企业或个人需要在抖音平台上发布自己的营销内容，吸引用户关注和参与。

(6) 跟踪营销效果：企业或个人需要跟踪自己的营销效果，例如观看量、点赞量、评论量等，及时调整自己的营销策略。

3. 抖音营销的优势

抖音营销的优势如下：

(1) 产品营销效率高：抖音营销是拥有全新流量的价值洼地、有群体参与的口碑爆发地、有行为驱动的爆款孵化器，因此能够快速有效地达到营销目的。

(2) 用户转化率高：抖音营销具有一定的趣味性，能使用户跟随模仿并得到自我满足，完全掩盖了"广告"本身，让品牌露出更为自然。

(3) 品牌认知广泛：抖音营销可以给品牌带来更碎片化、更具视觉化的品牌内容输出，填补了微信、微博端的空白区。

五、社群营销

社群营销是在网络社区营销及社会化媒体营销基础上发展起来的用户连接及交流更为紧密的网络营销方式。主要通过沟通、连接等方式，把顾客变成店铺的"粉丝"或者把"粉丝"变成店铺的朋友来实现营销，因此顾客都有相似的兴趣爱好，或者存在一定的利益关系。其载体不局限于微信、贴吧、论坛、各种平台，甚至线下的平台和社区都可以做社群营销。随着市场竞争激烈，社群营销开始浮出水面。

社群营销三要素分别是内容、交互、关系链，要想做好社群营销，这三个要素一定不可缺少。

社群营销的建立和运营条件包括人力和资金、内容和服务、时间和耐心、产品及营销模式等。其运营模式和流程，与一般的 SNS(Social Network Software)营销并无原则性差别，但对沟通和服务方面有更高的要求，而不是简单地通过社交网络实现"内容营销"。社群营销的流程图 3-2 所示。

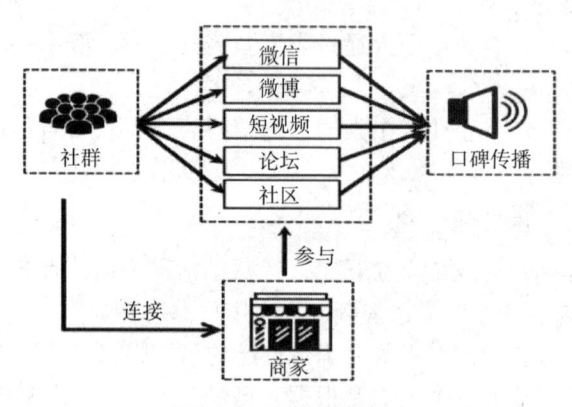

图 3-2 社群营销流程

本章小结

本章主要介绍了移动电子商务营销的理论基础、移动电子商务营销的特点及发展趋势；介绍了品牌提升、商品推广、定位服务和交流互动四种移动电子商务营销模式。App 电子商务营销主要介绍了 App 营销的基础概念和特点、微博营销、微信营销、抖音营销、社群营销。

关键术语

移动电子商务营销、移动电子商务营销模式、App 营销。

配套实训

1. 移动电子商务营销与传统营销的区别是什么？
2. 如何运用移动互联网进行移动电子商务营销？
3. 移动电子商务营销的例子有哪些？

课后习题

一、单项选择题

1. 下列选项中不属于移动终端设备的是（　　）。
   A. 智能手机　　　　B. iPad　　　　　　C. 台式电脑　　　　D. 笔记本电脑
2. （　　）是由移动通信网络和卫星定位系统结合在一起提供的一种增值业务。
   A. 交流互动　　　　B. LBS　　　　　　C. 品牌提升　　　　D. 销售推广
3. 下列选项中属于位置服务的工具类应用的是（　　）。
   A. 微信　　　　　　B. 微博　　　　　　C. 导航　　　　　　D. 论坛
4. 企业进行微信营销的绝佳营销工具和互动平台是（　　）。
   A. 漂流瓶　　　　　B. 扫一扫　　　　　C. 朋友圈　　　　　D. 微信公众平台
5. （　　）是挖掘潜在消费者的有力渠道。
   A. 贴吧营销　　　　B. 微博营销　　　　C. 微信营销

二、填空题

1. 移动电子商务营销具有鲜明的_____、_____、_____、_____的特征。
2. 本地化移动电子商务营销是_____、_____、_____的结合。
3. 传统的位置服务指的是_____、_____等服务。
4. 借助他人App进行营销推广的最基本模式是_____。
5. 社群营销的三要素是_____、_____、_____。

三、简答题

1. 移动电子商务营销的发展趋势是什么？
2. 常见的移动电子商务营销模式有哪些？
3. 微博营销的特点是什么？

课后习题参考答案

第四章　移动电子商务支付

知识目标

(1) 掌握移动电子商务支付的含义和方式。
(2) 熟悉移动电子商务支付的流程。
(3) 了解移动电子商务支付的应用。
(4) 了解移动电子商务支付的安全与风险防范。

素养目标

(1) 了解移动支付在数字经济产业发展中的重要作用，了解中国在移动支付领域领跑全球的优势。
(2) 了解移动支付过程中的安全问题与风险防范，培养学生的安全意识及维权意识。

导入案例

中国移动支付市场蓬勃发展

随着现代技术的发展，移动支付，也称为移动银行或在线支付，已成为人们支付货币的常用方式。2023年，中国移动支付市场蓬勃发展，迈入了全新的发展时代。2023年中国移动支付市场总规模预计将超过6 800亿元，交易量预计会达到约36 400亿元。支付宝、微信支付去年均实现大规模增长，手机银行也在近期实现了大规模拓展。

从在线支付场景变化来看，2023年中国移动支付市场的重要场景已经发生了巨大的变化，从银行、网购、旅游、话费缴费以及汽车租赁等日益增加的在线支付场景中尤其显著。移动支付的普及迫使传统支付场景发生改变，移动支付也从低收入群体进入高收入群体，成为主流支付模式，在2023年中国移动支付市场中占据重要地位，提高了整个社会支付水平。

从支付方式变化趋势来看，2023年中国移动支付市场仍然以普通消费卡、手机支付、扫码支付和虚拟货币支付等为主，但这几种支付方式仍然在不断变化，支付方式已经趋向于安全、快捷和多样化。在这一背景下，付费兴趣导向、快速优惠、安全保护和多元化发展等功能成为当今移动支付的核心要素，这也使得移动支付渗透率和市场占有率在2023年得到大幅提升。

从技术发展趋势来看，2023年中国移动支付市场的发展依赖于技术的不断发展，关键技术如云计算、大数据和物联网技术等在移动支付方面的应用也越来越普遍，这有助于降低移动支付的成本，提高支付效率，减少支付风险，并加强移动支付的价值。此外，诸如指纹识别、人脸识别、虚拟现实等新兴技术也正在移动支付领域越来越多地应用，为消费者提供更为安全便捷的支付体验。

从市场发展趋势来看，随着习惯消费者支付的节奏，2023年在中国移动支付市场占有率增加，许多企业正从技术上及市场上下功夫，以满足相关市场需求和把握技术发展趋势，推出更加安全、多元的移动支付产品和技术，促进了巨大的移动支付市场发展。随着技术的发展，商业和消费者的口碑也得到了极大的提升，大大增强了消费者的信任度，也促进了更多人接受移动支付的服务。

讨论题：移动电子商务支付的市场前景如何？未来发展应该注意什么？

[资料来源：云闲. 2023中国移动支付市场监测报告（R）. 长沙：三个皮匠报告，2023-06-01]

第一节　移动电子商务支付概述

一、移动电子商务支付的含义

如果将移动电子商务比作一只展翅翱翔的雄鹰，那么移动电子商务支付就是托起雄鹰羽翼的气流。每一次移动电子商务的最终实现，都要跨过移动电子商务支付这道关卡。显然，移动电子商务支付是撑起移动电子商务发展的重要保障平台与必要后盾。

移动电子商务支付也称手机支付，就是允许用户使用其移动终端（通常是手机）对所消费的商品或服务进行账务支付的一种服务方式。具体来说，就是单位或个人通过移动设备、互联网或者近距离传感设备直接或间接地向银行金融机构发送支付指令产生货币支付与资金转移行为，从而实现移动电子商务支付功能。移动电子商务支付如图4-1所示。

移动电子商务支付是电子支付的一种支付方式，但具有便捷性、及时性、移动性、独立性等不同于其他电子支付形式的特点。移动支付在我国的发展时间虽短，但成长势头却非常迅猛。随着我国移动支付用户规模不断扩大，移动支付业务量和移动支付金额也不断增长。预计数字经济的快速渗透，将为移动支付带来新的市场增量。数据显示，2022年全年非银行支付机构移动支付业务规模为10 046.84亿笔，交易总量为348.06万亿元。

从用户角度来看，移动支付的普及程度不断提升。据调查显示，在大城市，80%以上的消费者已经使用过移动支付工具，其中90%以上的人表示在未来仍将继续使用。另外，移动支付已经在年轻人群体中得到广泛应用，占比超过75.9%，而在60岁以上的群体中，使用率虽然相对较低，但已经达到30%左右。中国移动支付市场的主要玩家分别是微信支付和支付宝。微信支付是由中国的互联网巨头腾讯推出的，而支付宝则是由阿里巴巴集团旗下的蚂蚁金服推出的。这两家公司已经成为中国移动支付市场的霸主，占据了85%以上的市场份额。随着数字人民币的推出，支付行业产业链将迎来新的机遇。数字人民币是数字形式的法定货币，本质上还是"钱"。换句话说，支付的工具变了，功能也增加了，但渠道和场景都没有变化，只是把现金换成了数字人民币。

　　移动支付市场正在向着更为多元化的方向发展，并且未来的数字货币时代正不断拉近我们与移动支付之间的距离。随着技术不断提升，用户越来越依赖移动支付，未来行业将更加多样化、普及化、便捷化、安全化。这将成为数字经济时代最重要的支付方式之一，也将成为金融科技领域中最为活跃的产业之一。

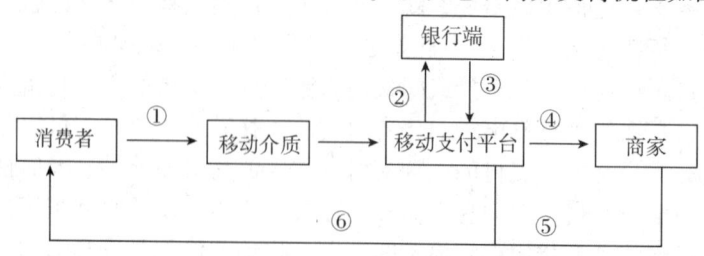

图 4-1　移动电子商务支付

二、移动电子商务支付流程

　　同一般的网络支付一样，移动电子商务支付也要涉及四个主要的环节：消费者、商家、发行方和收款方。其中，发行方和收款方都应该是金融机构，而两者之间的区别在于移动电子商务支付平台运营商需要对商家和消费者的身份进行确认才能完成交易。消费者在网上超市选好产品或服务后，发出购买指令，执行购买操作，商家去移动电子商务支付平台取得消费者信息，并进行确认，由移动电子商务支付平台代收费用并告知商家可以交付产品或服务，从而形成完整的手机支付过程。移动电子商务支付流程如图4-2所示。

图 4-2　移动电子商务支付流程

　　第一步：消费者通过移动介质(手机或平板等移动产品)选定商品或服务，并提出支付请求，支付请求通过移动介质传输到移动电子商务支付平台。

　　第二步：移动电子商务支付平台接受支付请求，并将移动电子商务支付请求信息的姓名、卡号等资料发送到银行端进行验证。

第三步：银行端对支付信息进行验证，成功之后对消费者的银行卡进行扣款，并返回支付成功信息到移动电子商务支付平台。

第四步：移动电子商务支付平台收到支付成功信息之后，发送支付成功凭证给商家。

第五步：商家收到支付成功凭证之后，可以为消费者提供商品或服务。

第六步：移动电子商务支付平台返回支付成功凭证给消费者。

三、移动电子商务支付的发展现状

这些年，移动电子商务支付得到了全面的发展，对经济增长和人们的日常生活都产生了影响，集中表现在多样化、发展迅速、渗透多领域、国际化等方面。

1. 支付方式多样化

移动电子商务支付介质的变化过程如下。阶段一，芯片内嵌到手机；阶段二，要利用SIM卡，即SIM卡与个人银行卡账号联结；阶段三，舍弃实体卡片直接在云端生成，同时支付方式也呈多样化趋势，如利用二维码、指纹等。相应地，方式的变化带来了很多优点。首先，显著的优点是方便、安全、省心；其次，支付方式的多样化，更加体现人性化；最后，各种经济大数据的处理，一目了然。

2. 发展迅速化

数据显示，中国第三方移动电子商务支付交易规模持续增长，2023年第1季度，随着疫情防控较快平稳转段，线上线下商业恢复明显，我国移动支付业务量增长显著。其中，占据主导地位的银行移动支付业务规模为144.60万亿元人民币，环比增长19.15%。根据易观分析发布的《中国第三方支付移动支付市场季度监测报告2023年第1季度》数据显示，作为我国移动支付业务重要补充力量的第三方移动支付2023年第1季度市场交易规模83.33万亿元人民币，环比增长8.97%。业内分析认为，随着疫情防控较快平稳转段，国内经济进入向上修复阶段，激发消费市场活力。在消费的强有力拉动下，我国第三方移动支付无论是交易笔数还是交易规模均取得强劲增长。2022年Q1—2023年Q1中国第三方支付移动支付市场交易规模如图4-3所示。

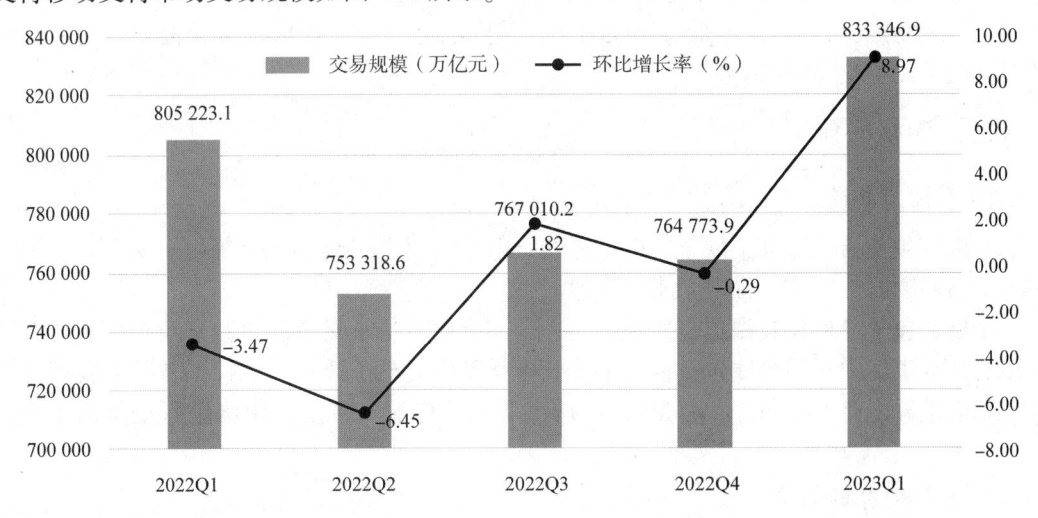

图4-3　2022年Q1—2023年Q1第三方支付移动支付市场交易规模

3. 渗透众多行业领域

随着移动设备的普及和移动互联网技术的提升，移动电子商务支付以其便利性、快捷性优势覆盖了用户生活的各个场景，涵盖网络购物、转账汇款、公共缴费、手机话费、公共交通、商场购物、个人理财等诸多领域。伴随着支付场景丰富而来的是支付数据规模与维度的扩增，对支付数据的挖掘与利用使支付的价值不仅限于其本身。支付作为标准化的服务，长期来看是低毛利业务，但核心价值在于连接和积累数据。场景越全面，客户画像更精准。因此不仅要看支付笔数和份额，还要看一个用户是否在多个场景活跃。

4. 国际化

中国的移动电子商务支付在国外发展也异常火爆。比如韩国 T-money 交通卡可以使用支付宝来进行支付。现在韩国已有超过 1500 家商户可以用支付宝进行退税。在澳大利亚悉尼，支付宝还设立了子公司，即 Alipay Australia，这为中澳跨境移动电子商务成长提供了更好的支持。中国移动公司也开始发力，在全球范围内巡视目标，从而开拓自己的移动电子商务支付领域。

第二节　移动电子商务支付类型

一、手机银行

移动银行也被称为手机银行，是一种较为典型的移动电子商务应用。简单来说，移动银行就是以手机、平板等移动终端作为银行业务平台中的客户端来完成某些银行业务的。消费者能够在任何时间和任何地点，通过移动终端以安全的方式进行诸如转账、交费等业务，而不需要亲自去银行或向银行打电话咨询。

当前，在互联网金融和利率市场化改革的双重压力下，商业银行传统业务的盈利空间和发展前景变得越来越狭窄。为了适应互联网时代的市场需求，各银行必须在传统业务之外开展电子银行业务(包括网上银行、电话银行、手机银行、自助银行，以及其他离柜业务)，而手机银行凭借其成本低、不受时间地点限制等优势，正成为各家商业银行今后业务发展的重点。

二、手机钱包

1. 手机钱包的定义

手机钱包是指装有电子现金、电子零钱、电子信用卡、数字现金等电子货币，在网上进行小额购物时常用的一种电子支付手段。

手机钱包是一种新式钱包，实际上是一个用来携带电子货币的可独立运行的软件，其作用与日常生活中所用的钱包类似。电子商务活动中的电子钱包的软件通常都是免费提供的，目前世界上有 VISA Cash 和 Mondex 两大手机钱包服务系统，中国银行也推出了中银电子钱包。

2. 手机钱包的特点

虽然手机钱包的功能与日常生活中所用的钱包功能类似，但是手机钱包在应用和表现上还是有很多优势，用于网络支付与结算时的特点有如下几个方面：

(1)个人资料管理与应用方便。

(2)客户可使用多张信用卡。

(3)客户可以使用多个手机钱包。

(4)手机钱包可以保存与查询购物记录。

(5)多台计算机使用同一套手机钱包时，共用一张数字证书。

(6)不管应用何种电子货币(特别是信用卡)，手机钱包都具有较强的安全性。

(7)手机钱包支付快捷、效率高。

(8)手机钱包对参与各方的要求都很高。

3. 手机钱包的分类

(1)根据存储位置的不同分类。根据存储位置的不同，可以将手机钱包分为服务器端手机钱包和客户机端手机钱包。服务器端手机钱包是在商家服务器或手机钱包软件公司的服务器上存储消费者的信息；客户机端手机钱包是在消费者自己的计算机上存储自己的信息。

(2)根据发行机构不同分类。根据发行机构的不同，可将手机钱包分为通用手机钱包和行业手机钱包。通用手机钱包是银行发行的；行业手机钱包是由行业卡演变而成的，目前公交行业是行业卡应用最发达的领域。

三、手机支付

手机支付是目前运用最广的移动电子商务支付方式之一，是在移动运营商和商业银行间加入了第三方，如中国银联。这种通过第三方构筑的转接平台，可以实施"一点接入，多点服务"的功能。手机支付具有查询、缴费、消费、转账等主要业务项目。由于有第三方的介入，银行和电信运营商在技术、业务等方面更易协调。手机支付具有以下几种类别：

1. SIM卡支付

SIM卡支付是手机支付的最早应用，其将用户手机的SIM卡与用户本人的银行卡账号进行绑定，建立一种一一对应的关系，用户通过发送短信的方式在系统短信指令的引导下完成交易，操作简单，可以随时随地进行。SIM卡支付服务强调了移动缴费和消费。

2. 扫码支付

扫码支付是一种基于账户体系搭建起来的新一代无线支付方案。在该支付方案下，商家可把账号、商品价格等交易信息汇编成一个二维码，并印刷在各种报纸、杂志、广告、图书等载体上进行发布。

扫码支付可以分成两种，一种是主动扫码，就是拿出手机主动扫商家的收款码。另外一种是被动扫码，出示付款码给商家的扫码仪器扫码就属于被动扫码。用户通过手机客户端扫描二维码，便可实现与商家支付宝账户的支付结算。最后，商家根据支付交易信息中的用户收货地址、联系资料，就可以进行商品配送，完成交易。

3. 指纹支付

指纹支付即指纹消费，是采用目前已经成熟的指纹系统进行消费认证，即顾客使用指纹注册成为指纹消费折扣联盟平台的会员，通过指纹识别即可完成消费。

4. 声波支付

声波支付则是利用声波的传输，完成两个设备的近场识别。其具体过程是，在第三方支付产品的手机客户端里，内置有"声波支付"功能，用户打开此功能后，用手机麦克风对准收款方的麦克风，手机会播放一段"咻咻咻"的声音，收款方接收到声波后会自动处理，用户在自己手机上输入密码，完成支付。

5. 刷脸支付

刷脸支付是结合人工智能、机器学习、三维结构光、在线支付等技术实现的新型支付方式，用户无须携带任何设备，通过人脸识别（即"刷脸"）即能完成支付。刷脸支付是对既有支付方式的全新变革，用户无须携带现金或银行卡，也无须扫描二维码或牢记各类账号、密码，仅需摄像头刷脸即可完成支付。在线上场景中，用户不再需要反复输入密码或口令；在线下场景中，用户甚至只需在收银机前"露面"，即可瞬间实现"闪付"。

第三节　移动电子商务支付系统

移动电子商务支付交易结合了移动通信技术、互联网技术、电子商务技术、金融等相关行业技术，具有显著的跨行业的技术特点，根据移动电子商务支付的应用范围不同，移动电子商务支付应用主要分成远程支付和近场支付两类。但随着市场的变化和技术的发展，基于第三方支付平台的扫码支付逐渐成为主流。新的数字货币支付体系也在不断地发展壮大。

一、远程支付

远程支付是指用户与商户不需要面对面交互，而是通过移动通信网络使用移动终端设备与后台服务器进行交互，由后台服务器完成交易处理的支付方式。按照使用的技术类型，远程支付主要包括智能短信支付、智能卡支付、无卡支付三种类型。

1. 智能短信支付

智能短信支付要求用户预先将手机号与支付账户进行绑定，通过手机编辑和发送短信的形式进行支付。在支付过程中，包含支付信息的指令从用户的手机发送到短信处理平台上，系统进行识别并审核之后，支付信息被发送到移动电子商务支付接入平台，通过账户的管理系统完成相应的支付。整个过程主要通过短信处理平台与移动电子商务支付接入平台交互处理完成。

短信处理平台由移动运营商建立和管理，在移动终端和支付接入平台间进行短信的发送，而且依据规定，短信的传输遵守移动通信运营商相关的通信协议，不允许在一条短信中同时出现账号和密码等个人账号的敏感信息。智能短信支付的远程支付以现有的手机和通信网络环境为基础，使用门槛较低，实施成本及难度较小。但是因为智能短信支付存在安全方面的限制，因此较难实现复杂环境下的支付业务。

2. 智能卡支付

智能卡支付是指用户通过存储着支付信息的智能卡进行安全认证的远程支付。智能卡的一个主要功能就是进行电子支付,包括基于 Internet 平台为电子商务服务的网络支付。智能卡具备两种网络支付方式,即智能卡的在线支付和离线支付。

(1)智能卡的在线支付模式。智能卡的在线支付模式根据获取智能卡信息的方式不同,可以分成带读卡器的智能卡网络支付模式和不带读卡器的智能卡网络支付模式。

对于带读卡器的智能卡网络支付模式,客户使用网络支付时需要购买一个专用的智能卡读卡器,安装在上网的计算机上,整个操作过程是智能卡硬件的自动化操作,安全保密,方便快捷,减少了客户的一些重复手动操作。

不带读卡器的智能卡网络支付模式是指有些银行发行的智能卡配有一个智能卡卡号,即在发卡行办理智能卡的客户同时拥有一个与智能卡对应的资金账号。当网络支付结算时,用资金账号进行支付,类似于信用卡网络支付模式。在此模式下不需要专用的智能卡读卡器,用户可以直接通过在网页上填写智能卡号与应用的密码来完成支付。

(2)智能卡的离线支付模式。由于智能卡本身的存储能力非常强大,卡中可以存入电子现金这样的网络货币,因此持卡人可以直接使用智能卡进行离线支付。所谓离线支付并不是指智能卡与客户或商家的计算机离线,而是指进行网络支付时,智能卡的读卡器不需要和发卡行的网络实时进行连接,而是直接通过智能卡读卡器的读/写功能完成整个支付结算过程。

3. 无卡支付

无卡支付是指用户通过互联网浏览器或移动设备客户端,经互联网与支付平台交互完成支付的业务。无卡支付可以通过互联网、手机、电视或语音的方式,在安全技术保障下,提供银行卡号、证件信息和手机号等交易要素及支付指令给相应支付机构进行信息验证和交易授权。

例如,用户通过移动终端在网上电子商务网站订购商品或服务时,只需要在相应的支付界面输入网上银行账户或第三方支付账户认证信息,即可完成支付;也可以通过手机上的客户端选择购买相应的商品或服务,再经过手机钱包或手机安全支付控件,随时随地享受快捷支付。

二、近场支付

近场支付是指买家在购买商品或服务时,通过手机向商家即时支付,支付的处理过程在线下进行,不需要使用移动网络,而是使用 NFC(手机射频)、蓝牙、红外等通道,实现与 POS 收款机或自动售货机等设备的本地通信。

1. NFC 技术基础

NFC(Near Field Communication)是指近距离无线通信,是一种短距离的高频率无线通信技术。它允许电子设备之间进行非接触式点对点数据传输来交换数据。在日常应用中用户可以使用带有 NFC 模块功能的手机进行刷卡购物消费,如刷公交卡、地铁卡等。NFC 手机支付如图 4-4 所示。

图 4-4　NFC 手机支付

2. NFC 技术在手机上的应用

NFC 设备已经被许多手机厂商所应用，NFC 技术在手机上的应用主要包括以下几个方面：

（1）接触通过。用户将储存着票证或门控密码的设备靠近读卡器读取卡上的信息即可，如门禁管理、车票和门票等。

（2）接触支付。用户将设备靠近嵌有 NFC 模块的 POS 机可进行支付，并确认交易。

（3）接触浏览。用户可将 NFC 手机靠近街头有 NFC 功能的智能公用电话或海报来浏览交通信息等。

（4）接触连接。用户把两个 NFC 手机设备相连接进行点对点的数据传输，如传输音乐、图片和交换通讯录等。

（5）下载接触。用户可通过 GPRS 网络接收或下载信息，用于支付。

3. NFC 支付的应用现状

相比其他支付方式，NFC+指纹的"一触即付"支付体验在速度和操作上具有一定的优势，在欧美的大部分国家很受欢迎。然而在国内，情况却截然不同，国内以第三方支付为代表的二维码支付方式已经深入人们生活的方方面面，加上二维码支付得天独厚的社交电商优势，使得 NFC 近场支付从起步时就落后于二维码支付。

目前国内 NFC 的主要应用领域是与用户出行紧密相关的交通支付，其在交通领域体现出了便捷性和普适性的优势。目前，NFC 全终端手机公交卡已经被国内手机厂商普遍认可，内置 NFC 模块的智能手机已经能够支持国内大部分城市的公共交通支付。

三、扫码支付

相较基于 NFC 技术的近场支付，目前国内线下移动电子商务支付的主要方式还是扫码支付，其支付方式主要有两种模式：二维码支付和付款码支付。

1. 二维码支付

二维码支付实现方式便捷且成本较低。商家需要提前打印或展示其用于收款的二维码，用户支付时需要打开手机支付软件中的扫描功能，扫描商家的收款码，在出现的支付界面上输入相应的付款金额并输入自己的支付密码即可完成支付。二维码支付如图 4-5 所示。

图 4-5　二维码支付

2. 付款码支付

在付款码支付中，商家收银的系统能够兼容第三方支付应用，且需要在收银系统中安装第三方支付平台的程序。当顾客展示支付软件中的付款码进行支付时，商家使用扫描枪扫描顾客手机上展示的付款码，即可完成支付过程。付款码支付如图 4-6 所示。

图 4-6　付款码支付

四、数字货币

1. 数字货币概念

数字货币是一种基于密码学技术的虚拟货币，使用数字化的方式进行交易和结算。与传统的法定货币相比，数字货币不依赖中央银行发行和监管，而是依靠区块链技术来保障交易的安全性和可信度。数字货币具有去中心化、匿名性和可追溯性等特点，成为一种新兴的金融工具。

2. 数字货币的特点

(1) 去中心化：数字货币的交易和结算不依赖中央银行或其他中介机构，而是通过区块链技术实现去中心化的交易和结算。这使得数字货币具有更高的安全性和可信度，同时减少了交易的成本和时间。

（2）匿名性：数字货币的交易记录存储在区块链上，但并不公开显示交易双方的身份信息。这使得数字货币具有一定的匿名性，保护了用户的隐私。

（3）可追溯性：虽然数字货币的交易记录是公开的，但是每一笔交易都可以通过区块链技术追溯到其发起者。这使得数字货币在防止欺诈和洗钱等方面具有优势。

3. 数字货币的应用领域

数字货币不仅仅是一种金融工具，它还具有广泛的应用领域。首先，数字货币可以被用作支付工具，可以实现跨境支付和无现金交易，提高交易的效率和安全性。其次，数字货币可以被用作投资工具，投资者可以通过购买和交易数字货币来获取收益。此外，数字货币还可以被用作区块链技术的应用场景，例如智能合约和去中心化应用等。

4. 数字货币与微信、支付宝等第三方支付的区别

（1）首先，支付宝和微信严格意义上属于钱包，数字人民币是钱。数字人民币取代的是纸币，而不是移动支付工具。其次，移动支付工具要收手续费，而数字人民币没有手续费。

（2）数字人民币支付更方便，因为更快捷。在支付过程中，它只有付款人和收款人，不经过第三方平台。在支付过程中，无须网络即可完成支付，数字人民币支付的私密性更好。商家和第三方平台无法获取消费者的身份信息和支付数据。

（3）数字货币不用信号，即使两个人在非常偏远的地方，根本没有信号的地方，数字货币可以完成交易，微信或支付宝却不行。数字货币不用网络，比如假如在偏远山区、地下室、电梯内等网络不好的地方，数字货币照样可以支付。

（4）货币属性不同。数字货币属于法定货币，微信和支付宝属于第三方支付工具。发行主体不同，数字货币的发行方为央行。

第四节　移动电子商务支付安全与风险防范

一、移动电子商务支付安全技术

（1）理论上，移动电子商务支付的安全，可以包括实体安全、实体间交互安全，以及为实体安全、实体间交互安全提供支撑的基础安全三部分。

实体是指移动电子商务支付数据传输与处理网络中，承担着各种业务处理功能的逻辑组成体，如金融智能IC卡、移动终端、数据传输与处理系统等。而实体间互联交互，有数据通信机制。实体安全主要包括了移动终端安全、金融智能IC卡安全、信息处理系统安全、支付应用软件安全等。针对这些实体，在移动电子商务支付过程中，应当实现对使用者的身份信息进行认证识别和访问控制，以确保交易过程中传输数据的机密性、完整性和不可抵赖性。

实体间交互安全主要是指移动终端与支付平台之间的连接安全、移动终端与商户平台之间的连接安全、移动终端与TSM（可信服务管理）平台之间的连接安全、商户平台与支付平台之间的连接安全、TSM平台与TSM平台之间的连接安全。移动电子商务支付过程中

应当确保实体间交互的传输安全，传输数据应当选用诸如 TLS/SSL 等安全通道，且过程中应当确保实现数字证书的双向认证。

基础安全则包括了密钥管理、认证体系、密码算法、安全基础设施、电子凭证等。

①密钥管理是在移动电子商务支付业务过程中，对密钥整个生命周期的管理，包括密钥的生成、分发、存储、备份、使用、更新、销毁等，涉及对软硬件系统的安全功能要求、机构实体的管理职责要求，以及贯穿整体过程的流程控制要求。

②认证体系包括手机银行电子认证服务和移动电子商务支付双因素认证体系。在认证体系中，数据传输和身份鉴别的数字证书管理、数据存储安全、数字证书的调用接口等内容，均为手机银行安全的重要组成部分。

③密码算法包括各类国际通用密码算法（包括对称密钥、非对称密钥、摘要算法等），在移动电子商务支付业务过程中的应用和我国自主研发的国密算法的配用。例如，针对移动电子商务支付业务的安全需求，采用对称密钥体系分别设计了智能 IC 卡类和传输类的密钥部署方案，采用非对称密钥设计了客户端、移动电子商务支付智能 IC 卡、支付处理平台、商户平台、支付内容提供方系统等实体间身份认证方案。

④安全基础设施主要指 PKI 公钥基础设施的安全，包括不同实体（如金融智能 IC 卡、TSM 平台、支付应用软件、商户平台、移动电子商务支付平台等）间的认证过程要求，认证中心（CA）证书的申请、传递、验证、废止的全流程安全管理要求。

⑤电子凭证是用于证明用户消费的依据，常见于通过移动电子商务支付交易产生的用户退款，此刻需要用户提供支付时产生的电子凭证作为消费记录依据。

安全体系架构中的安全基础，为移动电子商务支付业务的整体安全提供理论与技术保障（如目前国际范围内的各种密钥算法体系、各种功能密钥的生命周期管控机制、数字证书加解密认证体系等）。移动电子商务支付业务各实体连接的逻辑拓扑结构如图 4-7 所示。

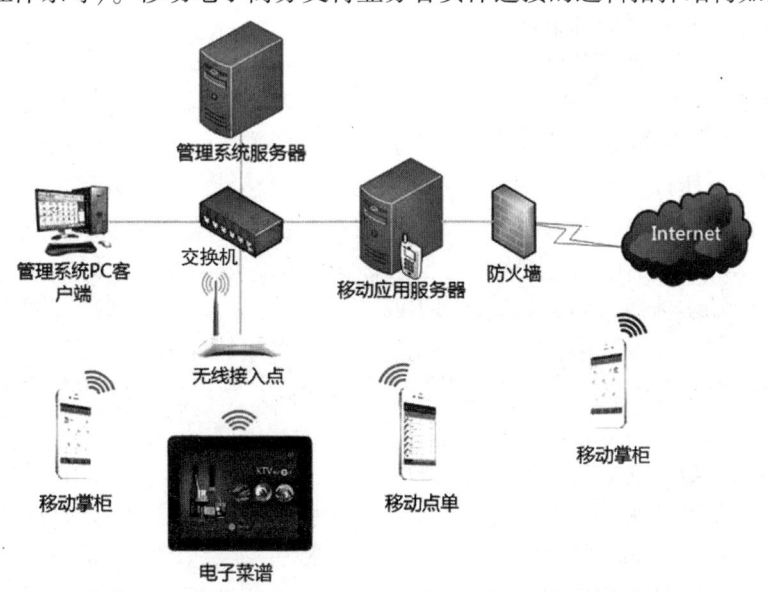

图 4-7 移动电子商务支付业务各实体连接的逻辑拓扑结构

（2）移动电子商务支付业务场景可以分为近场支付业务、远程支付业务和可信服务管理（TSM）平台三大类。

①远程支付业务。消费者通过智能移动终端携带的浏览器或支付软件浏览和选定商品或服务后，浏览器携带的支付插件或支付软件调用金融IC智能卡与后台移动电子商务支付平台系统进行连接并实施支付。

②近场支付业务。近场支付业务是由用户通过具备非接触式功能的手机与POS终端的读卡位置进行交互（如将手机的非接模块位置靠近或者贴近读卡位置等），并通过收单系统和清算组织的转接系统完成支付过程。

③可信服务管理（TSM）。可信服务管理平台不直接提供移动电子商务支付的交易逻辑处理，而是向移动电子商务支付过程提供应用和介质的安全管理服务，它可归为移动电子商务支付业务的核心基础部分。可信服务管理通过手机等移动智能终端与TSM平台进行数据交互，对金融IC智能卡上诸多应用实施远程的即时管理，其中包括生命周期管理、芯片个人化、嵌入式软件下载等。

(3) 为保证移动电子商务支付的安全与高效，以下几种关键技术正在逐步发展和被采用。

①Hash函数。Hash函数，即摘要函数，是将任意长度的输入字符串转化成为固定长度的字符串，也称为杂凑函数或散列函数。若将Hash函数表示为H，要进行变换的数字串表示为M，则摘要值为$S=H(M)$。这主要依赖于Hash函数是一个"多对一"的函数，可将不定长度的输出数据经处理后形成一个固定长度（通常很短）的摘要输出，其重要作用就是能校验输入数据是否发生变化，用于确保传输数据的完整性。

②身份认证技术。身份认证的主要用途是确保消息拥有真实可靠的来源，通常在移动电子商务支付业务安全策略中，平台系统通过身份认证技术，对当前用户的身份真实性进行识别。身份认证系统通常有三个主要过程：第一步是被验证者出示有效身份凭证（如账号和密码、U盾中的数据证书等）；第二步是系统确定被验证者的身份真实性；第三步是如果验证未通过，则拒绝访问资源。

③公共基础设施。公共基础设施（Public Key Infrastructure，PKI）是一种以公钥加密理论及相关技术为基础的向用户提供信息安全服务的基础设施。因此，通过该定义可知，PKI的主要用途是管理数据通信过程中使用的密钥和证书，确保数据通信网络处在安全可靠的通信环境中。所以，它在技术实践方面有效解决了移动电子商务支付交易过程中身份验证和访问权限等问题，为该过程提供了安全可靠的应用环境。通过第三方证书认证中心（CA中心），PKI技术将用户的公钥和其他的标识信息关联起来，对网络数据通信系统提供安全环境。终端实体通常是支付端的使用者，也可能是通过身份验证的实体。CA中心的主要工作是生成和发放数字证书，同时对所生成和发放的证书进行管理；数字证书注册机构（RA）负责信息录用、审核，以及数字证书的发放、管理等；证书存储库则是用于储存和验证数字证书，大多数情况下是数字证书的存取和吊销列表。

④数字签名。数字签名是在待传输的数据中，附加一些特定的验证元素，或对待发送的信息进行一定程度的密码变换。消息或数据的接收者，则通过这些元素或数据来确认收到消息或数据的安全性和完整性。通常仲裁机构，将在发生纠纷时，依靠消息或数据中的数字签名，来确认消息或数据的真实性。因此，数字签名拥有不可抵赖的特性，也可以保证交易过程的完整性，即确保交易过程中的数据不被篡改。

⑤密码技术。密码技术主要研究信息加密、分析、识别和确认，以及如何实现密码破译。通常密码系统包含五个部分：明文空间M、密文空间C、密钥空间K、加密算法E以

及解密算法 D。密码技术主要有非对称密码和对称密码两种类型。对于非对称密码，加密和解密使用的是相同算法，差异在使用的密钥不同，由于私钥是不能公开的，因此在只获得密文的情况下，是无法破解密文的。同时，获得密码算法以及密钥和密文中的其中一个，是无法确定或计算出另一个密钥的。而对称密码的密钥是要严格保密的，从而实现在只获得密文时，无法确定或计算出密钥，也就不能获得明文。

⑥指纹支付技术。常见的用于移动电子商务支付的生物识别技术是指纹支付技术，如支付宝、微信支付、京东支付都已采用基于 FIDO 协议的指纹支付技术。该技术基于手机自带的指纹识别模块，对用户的指纹信息进行采集和加密存储，在手机应用请求验证使用者身份时，启动指纹验证程序，让此刻的手机持有者按指纹进行识别，通过后则向手机应用返回此刻的使用者是账户持有者本人的信息，从而使得应用后台完成支付的后续环节。

二、安全认证与监管

随着移动电子商务支付规模的扩大、支付丰富度的提升，种种暗含的问题日益凸显，因此多维度、多领域的监管显得尤为重要。

目前我国对第三方移动电子商务支付的监管如下：

(1)牌照管理。在牌照申请方面，已建立全面的市场准入制度和严格的监督管理机制；在牌照续展方面，要求企业到期前 6 个月提出申请续展，央行审核不达标的将不能获得延期。

牌照管理的意义：严格的市场准入机制，使已获准进入的企业需达到详细的监管要求，规范第三方移动电子商务支付行业。

(2)建立备付金集中存管制度。建立支付机构客户备付金集中存管制度，非银行支付机构网络支付清算平台"网联"启动试运行。支付机构将备付金按比例交存至指定专用账户，该账户资金暂不计付利息。

建立备付金集中管理制度的意义：纠正和防止支付机构挪用、占用客户备付金，敦促第三方支付机构回归支付业务本源。

(3)实行实名制管理。建立用户身份识别机制，对客户实行实名制管理，登记并采取有效措施验证客户身份基本信息。在与客户业务关系存续期间采取持续的身份识别措施，确保有效核实客户身份及其真实意愿。

实行实名制管理的意义：实名制管理有利于保证账户安全，维护正常经济秩序，有效防止洗钱、恐怖融资等行为。

(4)规定支付机构的责任。出台细化管理办法，从客户身份识别、客户身份资料和交易记录保存、可疑交易报告、反洗钱和反恐怖融资调查、监督和管理等环节详细规定了支付机构的责任。

规定支付机构责任的意义：细化责任，有利于明确义务，维护正常经济秩序。

监管部门对移动电子商务支付行业在谨慎中持有宽容的态度。一方面不断完善监管领域制度，防范控制风险，另一方面实行更加灵活的监管政策，在保证安全的基础上对相关技术也持有更加开放的态度。为了加强移动电子商务支付对政策目标实现的协调作用，监管部门采取了以下措施：

(1)个人银行账户分级。对于不同安全级别身份验证方式，银行账户开放不同级别的功能。用户获得低级别功能账户的方式更加便捷，从而满足个性化、多样化的新型支付需求。

(2)支付机构分类评级。根据分类评级结果采取差异化监管奖惩。灵活对待不同级别支付机构的支付账户功能、限额，支付牌照延续，申请上市意见出具，风险准备金计提比例核定等事项。

(3)二维码支付。随着市场的完善和技术的成熟，中国人民银行在2017年下发《条码支付业务规范(试行)》，使被禁用后一直"野蛮生长"的二维码支付得到了统一规范和更广阔的发展空间。

(4)远程验证技术。在保证实名制底线基础上，支持银行账户远程开户和远程身份验证识别。这使数字化金融服务可得性更强，打破了移动电子商务支付受限于银行账户线下面签的瓶颈，开放业务想象力。

(5)普惠金融。在发展普惠金融的进程中着重强调数字金融的作用，一方面使移动电子商务支付将更多互联网红利惠及更广泛的人群，另一方面为移动电子商务支付在经济水平较低地区的发展提供政策助力。

(6)农村发展。移动电子商务支付带来的多维度数据为征信提供依据，降低了农村信贷门槛，为农村发展提供信贷支持，为农村发展注入了动力。

三、移动电子商务支付的风险防范

目前，移动电子商务支付存在的安全问题主要体现在以下几个方面：

(1)移动电子商务支付设备的安全。首先，手机病毒或木马病毒对移动设备的侵袭，或者支付软件本身存在的安全漏洞，容易引发移动电子商务支付的安全隐患。由于大部分手机本身未采用加密等安全措施进行保护，所以不法分子可以通过钓鱼网站或木马程序窃取用户信息，并通过移动互联网使用用户账户进行支付，造成用户实际的资金损失。同时，手机丢失或者被盗也可能造成用户的巨大损失，目前的移动电子商务支付方式是将客户手机、银行卡相关联，为提高支付便捷程度不需要输入银行卡密码，用户在丢失手机后容易被他人冒用进行移动电子商务支付。

(2)移动电子商务支付用户信息保护。移动电子商务支付的重要环节是用户信息的传送，但是，当用户的个人信息安全无法得到保障时，就需要完善移动电子商务支付交易中各方的身份识别。当用户的账户信息、身份信息、交易密码、短信验证码出现泄露时，不法分子即通过冒用用户的身份信息来进行消费或转账等操作。目前，我国对于个人信息的保护工作还不完善，相关的法规和机制都存在缺失，部分互联网企业对于客户信息管理不合规，使得互联网支付中经常出现用户信息泄露事件，造成客户的资金损失。

(3)移动电子商务支付方式的安全。为提高移动电子商务支付业务的便捷性，移动电子商务支付目前基本不采用物理介质的安全认证方式，大部分移动电子商务支付方式是通过短信验证码来作为交易的安全认证方式，但是，短信验证码本身的安全性就存在隐患。近些年高发的电信网络诈骗案件，不法分子基本围绕着短信验证码，利用当前通信过程中的安全漏洞窃取客户的验证码信息并进行破解，或者直接通过其他哄骗手段来获取用户的验证码信息。

(4)移动电子商务支付业务风险。目前，市场上出现大量能够实现移动电子商务支付的App，在实现移动电子商务支付基础业务功能的同时，均在App中增加各类金融服务，包括互联网货币市场基金、银行理财产品、保险产品、P2P借贷、众筹等，部分甚至是非规范、处于灰色地带的投融资产品。在考虑移动电子商务支付产品自身安全性的同时,也需要关注这些移动电子商务支付业务产品出现的风险,警惕一些来路不明的应用产品及网络平台,防止被诈骗。

防范移动电子商务支付风险的具体措施如下:

(1)设备遗失,立即挂失。手机丢失时,首先应立即致电运营商,挂失、冻结SIM卡,及时到运营商网点补办手机卡(移动、联通、电信)。然后冻结微信、支付宝和手机银行账户。

(2)信息保护,防止盗刷。信息保护的方法:一是手机要设置锁屏密码;二是支付软件不要设置自动登录,取消记住用户名的设置;三是设置支付密码,而且支付密码最好不要用自己的生日、手机号码,此类密码比较容易被破解;四是最好还设定消费限额,防止损失的扩大;五是更换手机号码的时候,要及时解除微信、支付宝等网上支付平台与手机号的绑定,从而有效避免移动电子商务支付账号被盗取、盗刷的发生。

(3)交易验证码不泄露。在通过短信验证码的方式进行验证时,验证密码不要泄露给他人,同时注意验证时效,不要轻易复制突如其来的验证码。同时,可为手机安装防火墙应用,屏蔽来路不明的信息及跳转的网站链接,也可防御木马及病毒对手机内信息的窃取。

(4)防范网络诈骗及不规范的业务产品。防范网络诈骗及不规范的业务产品时要做到:一是不轻信,不要轻信网上的优惠信息或抽奖信息,不要随意点击来历不明的链接或视频,不要轻信所谓公检法机构的"安全账户";二是不透露,强化自己的心理防线,不因贪图小利而受不法分子诱惑,切忌向他人透露自己及家人的身份信息、支付信息等;三是不转账,绝不向陌生人汇款、转账;四是及时挂失、及时报案,如果感觉自己上当受骗,第一时间向银行挂失,并向公安机关报案。

本章小结

移动电子商务支付作为移动电子商务业务流程的重要环节,是移动电子商务得以顺利发展的前提。随着各类支付技术的蓬勃发展,为移动电子商务支付应用场景的日益丰富提供了保障。

本章主要学习移动电子商务支付的含义和移动电子商务支付的基本流程,认识移动电子商务支付的主要特征,熟悉常用的移动电子商务支付工具及支付系统类型。同时了解移动电子商务支付的基本架构以及每类支付技术的技术原理、技术方案和发展现状;了解移动电子商务支付的安全问题及防范技术,能够对移动电子商务支付有深入的理解。

关键术语

移动电子商务支付流程、移动电子商务支付类型、移动电子商务支付系统、移动电子商务支付安全与风险防范。

配套实训

1. 移动电子商务支付流程涉及哪些环节？
2. 目前国内线下移动电子商务支付的主要方式是什么？
3. 为保证移动电子商务支付的安全与高效，有哪些关键技术被发展采用？

课后习题

一、单项选择题

1. 下列支付方式中(　　)是通过无线方式完成支付行为的。
   A. 刷卡支付　　　　　　　　　　B. 电话支付
   C. 移动电子商务支付　　　　　　D. 网上支付
2. 智能短信支付属于(　　)移动电子商务支付应用。
   A. 电子支付　　B. 远程支付　　C. 近场支付　　D. 电话支付
3. 移动电子商务支付具有多样化、发展迅速、国际化和(　　)的显著特点。
   A. 成本高　　　B. 复杂度低　　C. 渗透多领域　　D. 支付灵活

二、填空题

1. 移动电子商务支付就是单位或个人通过_____直接或间接地向银行金融机构发送支付指令产生货币支付与资金转移行为，从而实现移动电子商务支付功能。
2. 手机支付包括_____、_____、_____等。
3. 移动电子商务支付存在的安全问题主要体现在_____、_____、_____、_____几个方面。

三、简答题

1. 什么是远程支付？
2. 扫码支付的模式有哪些，分别是如何实现的？
3. 生活中如何防范移动电子商务支付的风险？

课后习题参考答案

第五章 移动电子商务物流

知识目标

(1)掌握移动电子商务物流的基本概念。
(2)熟悉目前我国移动电子商务物流的配送模式。
(3)了解移动电子商务物流的基本设备和技术。

素养目标

(1)帮助学生了解移动电子商务物流活动保障民生、抗击疫情过程中的作用。
(2)了解移动电子商务模式下新型物流配送体系的特点，培养学生在移动电子商务及新物流模式发展方面的实践创新能力及职业操守。

导入案例

移动电子商务环境下的即时配送

移动电子商务的发展突破了时间空间的限制，使得在线交易更加快速便捷，消费者"即需即买即得"的需求持续上涨。前些天，爆单的"酱香拿铁"以上亿元销售额刷新咖啡单品首发日销售纪录，其中线上订单贡献率超一半。人们在品味美酒加咖啡的同时，也将更多目光聚焦到了保障"15分钟赏味期"的即时配送服务。

即时配送并不是新鲜事。此前，消费者对快速配送的需求多见于餐饮外卖服务。从一日三餐到下午茶、夜宵，满打满算也就几个高峰时段。如今，订餐、买菜、取药、送件、运货，即时配送服务细分市场越来越丰富，已逐步从"送外卖"向"送万物"全客群、全场景、全品类、全天候发展。数据显示，2022年即时配送订单量突破400亿单，用户规模突破7.5亿。可见，消费者对购物便捷性和时效性的需求正不断提高。

移动电子商务时代，消费者的即时配送需求对物流供给能力和服务能力提出了更高要求。为保障配送时效，有的企业自主研发"超脑"配送系统，用户下单后，可自动实现订单匹配、路径规划和时间预估；有的企业不断扩展服务网络边界，通过专职、众包等方式吸纳更多从业人员，开展大范围、高频次配送服务；有的甚至安排骑手驻店，帮助商家打包，保证订单及时送达。

即时配送行业发展迅速，也契合了商家对于增强客户黏性的诉求。对于商家来说，稳定高效的运力是确保商品及时送达的根本保障。以新式茶饮为例，每逢新品上市、促销节点等订单高峰期，激增的线上订单都会给各门店带来不小的配送压力。如果时效得不到保障，不仅会影响消费者的购物体验，也会影响产品的口感、口碑与销量。从这个角度看，能保障响应速度和配送时效的企业必然会收获更多商家的青睐。

可以预见，随着消费市场活力逐步恢复，即时配送行业有望继续保持较快增长，竞争也必定会愈加激烈。在消费者日益丰富的需求下，即时配送要收获更多订单，不能止于"送"，要不断延伸服务触角，同城零售、近场电商以及近场服务等全场景都将是行业发展的增量空间。

要积极探索定制化、个性化配送解决方案。即时配送包含仓储、分拣、配送等多个环节。对于分散、个性的新兴需求，要提高履约服务就不能局限于配送一个环节，要构建"仓拣配"全链路履约服务体系。对商超、生鲜、医药、便利店等不同业态的需求，要有不同的解决方案。

在移动电子商务环境下，即时配送企业还要持续发力提升配送效率和服务质量。这需要大数据、云计算、人工智能等新一代信息技术支撑，无人机、无人配送车、骑手等运力网络相互配合，最大化保证履约时效。

讨论：即时物流、即时配送对移动电子商务的作用以及影响是什么？

（资料来源：中国经济网-《经济日报》. 即时配送不止于"送"［EB/OL］.（2023-09-18）［2023-11-20］. http：//views.ce.cn/view/ent/202309/18/t20230918_ 38718723.shtml）

第一节　移动电子商务物流概述

一、移动电子商务物流概念

移动通信技术、计算机网络技术、微电子技术的发展，逐步为现代物流企业从产品的采购到营销运输以及最后的配送服务环节，提供了扎实的基础。

近10年来，电商产业的发展壮大极大地促进了移动电子商务物流产业的发展成型。移动电子商务物流以移动通信技术和移动通信网络为基础，结合商务需求，涵盖了从产品原材料采购到产品销售运输，再到客户货物配送服务的整个过程；能够同时做到精确的物流服务、快速高效的配送流程、构建低成本和完整的客户服务物流体系，进而支撑电子商务的整个流程。

物流行业既能完整提供物流机能服务，又能以收取报答的方式实现运输配送、仓储保管、分装包装、流通加工等。物流行业主要包括的企业有仓储企业、运输企业、装卸搬运企业、配送企业和流通加工企业。广义的移动电子商务物流涵盖国内快递、国际快递、同城货运、海淘转运、众包物流、电商自建物流体系以及仓储服务等多方面；狭义的移动电子商务物流主要针对国内为电商平台服务，直接接触消费者的物流服务商，包括快递和电商自建物流。信息化、全球化、多功能化和一流的服务，已成为电子商务背景下物流企业追求的目标。

二、移动电子商务物流特点

移动电子商务物流(移动物流)包括以下特点：

(1)灵活简便。使用者或消费者可以随时随地利用移动设备完成商务活动中下单、货物物流查询、收货确认等相关操作，用移动终端代替 PC 端的业务操作，摆脱了时间、地点的限制，随时随地跟踪物流信息，提升了服务质量和企业的运行效率，使整个物流体系灵活简便。

(2)低成本。移动物流将先进的条码技术、射频识别技术、定位技术、Internet 技术以及现有的物流系统进行有效的结合，可以利用移动设备对流通中的货品进行有效的跟踪以及统一的协调、管理和配送，减少货品流通过程中不必要的物流费用，降低流通成本。

(3)效率性。移动物流利用移动设备不受时间地点限制的特点，实时对产品物流信息数据进行录入，进而缩短货品流通过程中信息更新的周期，提高了整个物流管理的效率。

(4)增值服务。移动物流在整个货品流通和用户使用的过程中，利用移动信息，对数据进行归纳和整理，进而延伸出许多增值服务，如市场调查、商品采购、订单处理、物流咨询和配送方案优化等。通过一系列数据的支持，分析商品的销售趋势和走向，为生产企业和销售企业提供了额外的增值咨询服务。

根据以上四个特点，不难发现，移动电子商务物流的目标是以最经济的方式和手段来为消费者提供更优质的服务。在满足消费者的同时创造了"第三利润源"。因此，移动电子商务物流企业为顾客提供需求服务，需要通过准时、节约、规模化等手段来挖掘和创造"第三利润源"，并在相关利益主体间进行合理分配，来达到双赢的目的。

三、移动电子商务物流趋势

移动电子商务物流呈现出五大发展趋势。

(1)移动电子商务物流的移动化、数据化、平台化。信息经济条件下的消费行为发生了本质改变，由固定位置、断点式在线转变为 24 小时在线，消费者可以随时随地下单、接单、发包裹、收包裹，移动电子商务物流的应用场景呈现指数级增长。同时平台化带来的分享经济和共享经济的变化，在整个O2O业态发展当中，快递物流也在快速跟进。

(2)移动电子商务物流正在以前所未有的速度发展，逐步迈向全球化、农村化。技术在不断地改变着商业形态，拓展商业边界的同时，也在拓展物流快递的边界。在全球化浪潮下，移动电子商务物流的农村化、城市本地化快速演进，快递物流行业从骨干线路的覆盖，进一步走向支线，形成"毛细血管"的覆盖。

(3)移动电子商务物流的园区化，以及跨业态聚集。随着互联网打通商业信息链，去中间化趋势日益明朗，原本依赖信息优势的各类专业批发市场面临着巨大压力，很多开始转型升级为电商产业园。

物流需要货物集聚，而互联网让世界更加信息化，电商在园区的小集聚意味着货物的大流转、大集聚，园区聚焦形成的对等开放与大规模协作，使得"互联网+产业园+物流园"的发展模式应运而生。这已成为当前移动电子商务物流发展布局的一大趋势，也是线上生态与数据的变化所导致的线下物流产业空间集聚态势改变的新鲜商业场景。

（4）需求侧供应链再造促进供给侧改革。电子商户与快递物流公司正在协力打造一个需求端的商业价值体系，并进行进一步的升级和改造。供给侧改革问题，是要解决产能过剩的问题，需求侧的供应链的全新再造必将有效推进供给侧改革的进行。

（5）商业基础设施的个性化、应用化。目前物流发展已经进入集约化经营的阶段，在行业观念变化层面的表现为由"推"到"拉"的改变，配送中心应更多地考虑"客户要我提供哪些服务"，即"拉"（Pull）；而不是仅仅考虑"我能为客户提供哪些服务"，即"推"（Push）。例如，有的配送中心起初提供的是区域性的物流服务，后发展到提供长距离服务，并且服务项目为了契合顾客个性化需求而日益增加、改善和升级（如附带贺卡、上门安装等）。

第二节　移动电子商务物流供应链管理

一、供应链与供应链管理

供应链是一个包含供应商、制造商、运输商、零售商以及最后产品的消费者等多个主体的系统。供应链管理就是对这整个系统进行计划、协调、操作、控制和优化的各种活动过程。通过这些活动过程将顾客需求的产品，按照顾客要求的时间、数量和质量送到顾客面前，并且使这整个过程的消耗达到最小化。供应链管理是一种整合和协调的管理模式，要求供应链系统企业协调运作、共同应对外部复杂多变的局势。

1. 供应链管理模式

供应链管理模式分为三个层次。

（1）用户层。用户层包括了使用供应链管理平台的企业和供应链终端的移动用户，该层是实际直接使用供应链管理的对象。

（2）通信层。通信层是供应链信息流通的通道，由移动终端、通信服务商的电信网络、运营商的供应平台和Internet网络四部分组成。

（3）系统平台层。系统平台层由移动供应链管理（M-SCM）平台和供应链管理平台共同实现供应功能，管理整个移动供应链的系统。

M-SCM系统的管理模式，如图5-1所示。移动供应链系统中的集成运营商接收Internet网络信息，将信息进行存储、转化和分离处理后，通过移动通信服务商将信息传输到移动终端的客户手中。移动终端的客户利用移动设备，获取信息并进行数据反馈，与供应链上的企业达成信息交流。同时，不同供应链企业相互之间利用供应链管理平台，对数据进行处理、整理、转化、存储和整合，创建出与实时服务、经营状况相关的新数据信息，并将其传递给集成运营商，在集成运营商处理过信息后，新信息通过移动通信服务商和移动终端，转达到供应链终端的用户手中，从而进行信息的互动和商务活动。

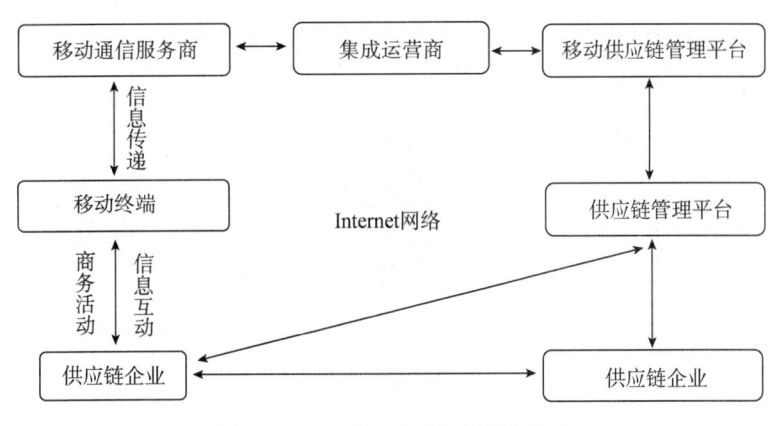

图 5-1　M-SCM 系统的管理模式

当今的市场是买方市场,同时也是竞争日益激烈的全球化市场,除了要满足消费者的需求外,同时也要认识到市场本身的先进性。供应链管理需要以市场和客户的需求为导向,在核心企业的协调下,本着共赢原则,以提高市场占有率、客户满意度、获取最大利润为目标,以协调商务、协同竞争为商业运作模式,利用现代企业管理技术、信息技术、集成技术,达到对信息流、物流、资金流、业务流和价值流的有效计划和控制,从而将客户、供应商、制造商、销售商、服务商等合作伙伴连成完整的网络结构。供应链管理优化了供应链活动,在提升了供应链整体竞争水平的同时,也深入供应链的增值环节,使市场需求的产品在正确的时间,以正确的数量、质量、状态送到指定地点,从而使成本最小化。

2. 移动电子商务物流供应链管理的优势

移动电子商务物流供应链管理(移动供应链管理)具有移动性、实时性、聚合性和经济性的特点。它本身的移动性是指对供应链上万变的信息资源,进行随时随地的捕捉和管理,使发出和接收的信息几乎没有延迟。移动供应链管理的聚合性,是指对供应链上分散的"供、销、存"等相关信息进行整合。移动供应链管理的优势正是基于移动性、实时性、聚合性,使供应链上的信息无缝连接,从而实现实时化、透明化、跳跃化、网络化,提高人员的生产力,改善管理状况,提高客户服务水平,并且为供应链的人员提供有效的预警和辅助判断的信息。

(1)信息传递实时化。M-SCM 系统为客户提供实时的信息交互活动,如实时信息的查询、跟踪、配送的路线规划、资源调度、货品检查、销售渠道情况、销售终端、客户服务和配送情况监控等传统计算机系统难以涉及的细节。移动终端用户利用移动终端设备,实时对现场事务进行处理,提高了事务处理的效率,实现了数据的准确性、机动性和便利性。

(2)信息传输跳跃化。M-SCM 系统信息以跳跃性的传递模式打破了传统供应链上信息逐级传递模式。跳跃性的信息传递模式对供应链上分散的信息进行整合,扩大了信息使用的范围,提高了效率,增加了共享机会,减少了信息使用成本。并由此提高了供应链上各实体之间的协调能力,使整个流程进展更加顺利。

(3)信息连接无缝化。M-SCM 系统可以将供应链管理的相关信息利用无线终端设备传递给供应链上的决策者,实时对信息进行收集、汇总、统计和分析,以针对市场的变化进行策略调整。从移动终端设备到管理人员之间实现信息无缝衔接，提高整个供应链的协调效率。移动供应链(移动电子商务物流供应链)数据交换的流程如图5-2所示。

图 5-2 移动供应链数据交换的流程

二、物流管理及物流信息系统

所谓物流是指物品从供应地到接收地的实体流动过程，是根据实际需要，将运输、储存、装卸、搬运、包装、流通加工、配送、信息处理等基本功能实施有机结合。物流管理则是对以上的物流活动进行计划、组织、指挥、协调、控制和监督，使各项物流活动实现最佳的协调与配合，以降低物流成本，提高物流效率和经济效益。

1. 移动物流管理的服务功能

移动电子商务物流管理(移动物流管理)是利用移动终端设备来辅助管理物流活动，以此来降低成本，提高物流管理能力与竞争优势，移动物流管理的服务功能主要包括以下四部分：

(1)数据采集传播服务。数据采集传播服务利用通信终端、增值服务平台、客户端软件和通信网络，为企业生产和管理提供实时信息数据。

(2)移动定位服务。移动定位服务利用移动定位功能，为顾客提供专用货物通用的通信终端位置服务。

(3)调度服务。调度服务利用移动终端上的软件，进行定位获取相关信息资源，并且将业务调度的信息发送到指定的通信终端，从而实现与终端信息的交互。

(4)信息发布服务。信息发布服务利用智能移动终端，对物流状态进行定位和发布，使信息实时更新。

2. 移动物流管理的优势

物流管理本身是动态的过程，移动物流管理利用其"移动"的特性，使得物流管理过程中信息交换变得方便简单，同时使物流管理变得快速敏捷。物流企业通过移动物流管理能够实时观察整个物流情况，及时了解供应链中每个环节的情况，从而进行有效决策。移动物流管理在充分有效地利用移动物流管理服务的同时，又对企业内部资源进行了有效利用，提高了客户的满意度。移动物流管理具有以下优点：

(1)移动性和灵活性。用户可以在任何时间、任何地点完成物流的一系列流程，利用移动终端设备代替原先 PC 端，使物流管理变得更加灵活和敏捷，摆脱时间和地点的限制。

(2)避免数据重复录入。用户可以通过移动终端对工作事务进行记录，在使用地点进行信息数据的实时录入，避免数据的重复录入。

（3）减少数据录入错误。现阶段物流管理中数据的录入主要采取实时扫描代替原有手工录入的措施，这提高了数据的准确性并且缩短了录入的时间。移动终端设备通过减少数据的录入错误、降低仓储作业的中断，缩短了物流周期，从而提高了生产效率。

（4）灵活预警和智能信息化。移动终端设备能够随时随地更新物流管理的相关信息，为管理人员提供关于供应链异常的通知，异常的信息能够快速传递到每个移动终端设备的接收者手中，接收者可以根据异常进行分析和决策，根据优先级别和业务操作采取适当的措施进行处理。

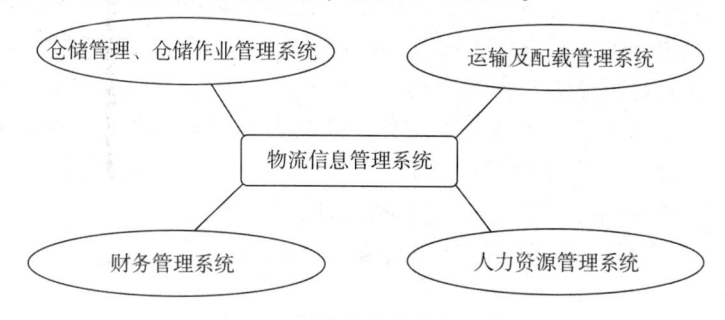

3. 物流信息管理系统

物流信息管理系统主要由四部分组成，如图5-3所示。

图 5-3　物流信息管理系统

仓储管理、仓储作业管理系统一般统称为仓储管理系统（Warehouse Management System，WMS）。随着企业规模扩大，成品结构越来越复杂，以及整个市场对产品个性化要求的日益提高，随之而来的问题是如何存储这些产品，如何在需要这些产品的时候迅速地找到它们，如何采用有限的仓储面积存储更多的物品以及如何合理配置产品品项，以最低的品项数和库存数满足市场的需要，如何安排仓库门口（Docking）的装卸作业，使该作业能够迅速准确地完成。

运输及配载管理系统是物流信息管理系统中另一个重要子系统，运输管理的主要管理对象是运输工具（车、船、飞机等）、运输环境（运输线路、站点和地图）、运输人员（驾驶员、装载人员以及管理人员等）、运单（运单、运输计划安排等）、运输成本核算（人员成本、运输资源成本、能源消耗核算控制等）、运输优化（路径优化、运输能力优化以及服务优化等）、客户（客户订单服务、查询等）、运输跟踪（包括采用GPS和SMS等系统实现的运输跟踪管理）。

财务管理中，会计电算化在我国已经发展了几十年，但大多数财务软件只是手工作业的模拟，并没有在企业管理上加强控制，而物流信息管理系统的财务管理系统，恰恰突出了财务的管理功能，集中体现在应收、应付的管理上。

物流信息管理系统所赋予的人力资源管理主要是针对作业人员的管理。它包括了人员属性记录、工作经验记录以及岗位经验记录和奖惩记录。在我国物流企业中，除了管理人员以外，大多数作业人员来源于劳务市场和外出务工人员，这些人员流动性较大，且劳务市场对这些人员的管理水平较低，因此物流管理系统必须提供基于物流运作需求的人力资源管理，建立人力资源数据库。

第三节　移动电子商务物流配送

一、移动电子商务物流配送

移动电子商务物流配送是指物流配送企业采用网络化的计算机技术和现代化的硬件设备、软件系统及先进的管理手段，针对社会需求，严格地、守信用地按用户的订货要求，进行一系列分类、编码、整理、配货等理货工作，将货物定时、定点、定量地交给各类用户，满足其对商品的需求。

移动电子商务物流配送的核心是实体物品的配送。移动电子商务物流配送的定位是为电子商务的客户提供服务，根据电子商务的特点，对整个物流配送体系实行统一的信息管理和调度，按照用户订货要求，在物流基地进行理货工作，并将配好的货物送交收货人的一种物流方式。移动电子商务物流配送服务已然成为中国电子商务最为核心的行业环节，能够提供一个全面完善的物流仓储配送解决方案，也成了很多中小卖家、电子商务供应商、品牌商必须关注的问题。移动电子商务物流配送的许多环节会造成巨大的成本，以及人力资源和时间的浪费，物流企业必须重视物流配送系统的信息化管理，来降低物流成本。

移动电子商务物流配送的特征如下：

（1）个性化。移动电子商务物流配送作为"末端运输"的配送服务，其所面对的市场需求是多品种、少批量、多批次、短周期的，小规模的频繁配送将导致配送企业的成本增加，这就必须寻求新的利润增长点，而个性化配送正是这样一个开采不尽的利润源泉。个性化体现为"配"的个性化和"送"的个性化。"配"的个性化主要指配送企业在流通节点上根据客户的意向对配送对象进行个性化流通加工，从而增加产品的附加值。"送"的个性化主要是指依据客户要求的配送习惯、喜好的配送方式等为每一位客户制定量体裁衣式的配送方案。

（2）虚拟性。借助现代计算机技术，配送活动已由过去的实体空间拓展到了虚拟网络空间，实体作业节点可以通过虚拟信息节点的形式表现出来；实体配送活动的各项职能和功能可在计算机上进行仿真模拟，通过虚拟配送，可以找到实体配送中存在的不合理现象，从而进行组合优化，最终实现实体配送过程效率最高、费用最少、距离最短、时间最少的目标。

（3）实时性。配送要素在数字化、代码化之后，突破了时空制约，使得配送业务运营商与客户均可通过共享信息平台获取相应配送信息，从而最大限度地减少各方之间的信息不对称，有效地降低了配送活动过程中的运作不确定性与环节间的衔接不确定性，打破了以往配送过程中会出现的"失控"状态，做到全程的"监控配送"。

二、我国移动电子商务的物流配送模式

电子商务企业的物流配送模式的选择是与电子商务企业的战略以及规模紧密相关的。一般来说，大型的电子商务企业偏向于选择自营型的物流配送模式。对于中小型电子商务企业而言，物流外包则是最佳的选择。从电子商务行业的现状来看，多数企业更偏向于与

其他物流企业组建物流联盟，来不断拓展自己的顾客。目前我国移动电子商务的物流配送模式按照组织方式主要有自营配送、第三方配送、共同配送三种模式。

1. 自营配送

自营配送（自营物流）是指企业投资并购置设施，组建物流部，利用自己的设施和工具来完成物流。第一方物流与第二方物流均可统称为自营物流，也就是自营型配送模式。第一方物流是由卖方、生产者或供应方组织的配送，其主要的核心业务是生产和供应产品。第二方物流是由买方和销售者组织的物流，主要用于采购和销售产品，是为未来销售业务的需求而投资建设物流网络、物流设施与设备。

自营型配送模式是当前生产流通或综合性企业（集团）所广泛采用的一种配送模式。企业通过独立组建配送中心，实现内部各部门、厂、店的物品供应配送，虽然这种配送模式中糅合了传统的"自给自足"的"小农意识"，形成了新型的"大而全""小而全"，会造成社会资源的浪费，不过就目前来看，自营配送在满足企业（集团）内部生产材料供应、产品外销、向零售场店供货和区域外市场拓展等企业自身需求上发挥了重要作用。当前，较为典型的企业（集团）内自营型配送模式，就是连锁企业的配送。大大小小的连锁公司或集团基本上都是通过组建自己的配送中心，来完成对内部各场、店的统一采购、统一配送和统一结算的。

京东是运用自营物流模式的典型公司。从京东的发展史来看，起初采用的是第三方物流模式进行发展，然后在逐渐成长的过程中，开始组建自己的物流业务部门，运用自营型配送模式。

在 2007 年，京东抓住电子产品快速增长的这一重要战略契机，组建自己的物流体系，逐渐放弃了以第三方物流为主的配送模式。在自营物流的帮助下，京东逐渐走向国内电子商务 B2C 网站的首席。从京东自营物流的发展历史来看，京东自营物流主要有以下特征：

（1）建立起了强大的物流服务体系，掌握了物流的控制权。京东自营物流结合京东网站在信息处理上的强大能力，对物流的流程进行合理规划，实现物流与商品、信息流、资金流的紧密结合。对于公司运输不能到达的地区，公司委托的第三方也能够借助京东的信息系统快速地将物流信息提供给客户，实现了京东公司对物流的全面掌控。

（2）向客户提供便捷迅速的物流服务，并且保护客户的隐私。京东展开了针对客户服务的"211 工程"，即向客户提供当天下单，当天送达的物流服务。另外，对于涉及客户隐私的一些订单，京东还向客户提供特殊的包装服务。

（3）京东自营物流还注重成本核算，其自营物流中心仅在一线城市，对于偏远地区，京东则选择服务标准相近的第三方物流。

从京东的自营型配送模式可以看出，自营物流模式是移动电子商务物流发展的一个高级阶段。只有达到一定的运送量后，自营物流模式才具备规模效应。所以企业要结合自身的规模和方向，确定好自身的配送发展道路。

2. 第三方配送

由物流劳务供方、需方之外的第三方去完成物流服务的物流运作方式即为第三方配送，也就是第三方物流。第三方就是指提供物流交易双方的部分或全部物流服务的外部提供者，是物流专业化的一种形式。企业不拥有自己的任何物流实体，商品采购、储存和配送都交由第三方完成。

目前我国电子商务配送主要采取的物流配送模式为第三方配送，即第三方物流服务。第三方企业物流模式如图5-4所示。

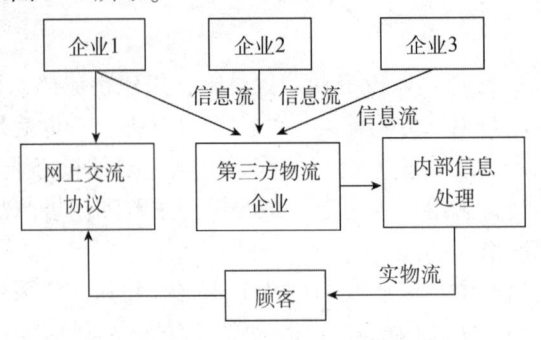

图5-4 第三方企业物流模式

（1）第三方物流的特征主要表现在以下五个方面：

①关系合同化。第三方物流是通过契约形式来规范物流经营者与物流消费者之间关系的。物流经营者根据契约规定的要求，提供多功能直至全方位一体化的物流服务，并以契约来管理第三方所提供的物流服务活动及其过程。

②服务个性化。不同的物流消费者存在不同的需求，第三方物流需要根据不同物流消费者在企业形象、业务流程、产品特征、顾客需求特征、竞争需要等方面的不同要求，提供针对性强的个性化物流服务和增值服务。

③功能专业化。从物流设计、物流操作过程、物流技术工具、物流设施到物流管理必须体现出专门化和专业水平，这既满足了物流消费者的需求，也符合了第三方物流自身发展的基本要求。

④管理系统化。第三方物流应具有系统的物流流程，是第三方物流应达到的基本要求。第三方物流需要建立现代管理系统，才能满足运行和发展的需要。

⑤信息网络化。信息技术是第三方物流发展的基础。物流服务过程中，信息技术发展实现了信息实时共享，促进了物流管理的科学化，极大地提高了物流效率和物流效益。

（2）第三方物流的优势。相较于传统的物流服务提供商来说，第三方物流是现代物流发展的一个重要方向，实际上第三方物流与合作企业之间可以看成一个物流战略的合作联盟。通过第三方物流，企业能够获得更好的物流服务，第三方物流在与电子商务企业合作的过程中展现出了极大的战略性优势，主要表现在以下四个方面：

①使客户企业集中于核心能力。激烈的市场竞争使企业的精力越来越分散，想要在业务上面面俱到已经成为一项几乎不可能完成的任务，企业想要在这种情境下获取更大的竞争优势，应该将自己的工作重心和主要精力集中在核心能力的提升上。

②为客户企业提供技术支持或解决方案。随着科学技术的进步和基本需求的变化，供应商和销售商在物流和配送上的需求也在不断变化，二者之间的信息交流是保证企业正常运转的基础。在这个过程中，可能会需要使用某个特殊的沟通工具或者软件将商品的信息传递给客户，并接受来自客户方面的建议，这就需要双方建立一个信息交流的平台，实现信息的实时共享，以提高企业的物流运作效率。普通的企业受到技术和人员的限制，这些是不可完成的，而IT企业则能够很好地完成这项工作。IT企业满足客户的方式不仅要提供优秀的产品和技术，还应该包括为顾客提供方便快捷的服务，在信息时代电子商务企业

可以充分利用自己的技术优势来更好地满足客户的需求。

③为客户提供灵活的增值服务。可以为用户提供个性化的服务，满足用户的一些特殊要求。例如，美国 UPS 快递公司有一个专门成立的部门，向一些具有特殊物流需求的用户提供专门的服务，如有些情况下企业需要在几个小时甚至更短的时间内完成货物的配送，这时该部门就会派出专门的人员对客户的需求进行处理；有时候有些客户需要在特定的时间将特定的物品送到某处，这也是该部门的业务范围。

④节省物流费用，减少库存。专业的第三方物流服务提供者应该善于利用环境和技术要素，发挥出第三方物流的规模优势、专业优势和成本优势，提高物流运输与配送的效率，以获得客户更好的评价。

3. 共同配送

共同配送（Common Delivery）也称共享第三方物流服务，指多个客户联合起来由一个第三方物流服务公司来提供配送服务。它是在配送中心的统一计划、统一调度下展开的，由多个企业联合组织实施的配送活动。共同配送的本质是通过规模化降低作业成本，提高物流资源的利用效率。

（1）共同配送的发展意义。共同配送是我国城市现代物流配送的主要发展趋势，构建以共同配送为核心的城市现代物流体系对推进城市现代物流的可持续发展具有十分重要的意义。

城市共同配送的目标是降低现代物流成本，节约社会资源，提高城市物流效率，及时准确、科学有效、有组织有计划地完成配送任务，同时削减在途运输车辆的空驶率，缓解城市交通压力，减轻环境污染，从而达到促进城市现代物流配送发展的目的。而如今，城市物流配送货物具有很大的分散性，多样化和个性化的城市物流需求使非共同配送的经营优势难以发挥；共同配送与城市管理的矛盾日益突出，大量的货运车辆进城遇到交通管制，出现"最后一公里通行难"的问题；各个企业的经营意识、管控能力与满足客户需求等方面存在较大差距，往往很难协调一致。因此，构建城市共同配送物流服务体系十分有必要。

（2）构建城市共同配送物流服务体系应考虑六个方面的途径：

①要加强政策支持与引导，近些年来政府出台了多项支持城市共同配送的政策，为开展城市配送工作创造了前所未有的良好的政策环境。各地政府应利用良好的发展环境，结合各地现代物流发展现状，在政策和现代物流基础设施的建设上给予企业支持，引导企业参与，营造共同配送的良好氛围和环境。

②要加快配送现代物流基础设施建设，把现代物流配送节点纳入城市总体规划，做好"顶层设计"，使城市土地、商业等相关规划有序衔接，确保规划的可操作性。优先支持服务于城市配送和货物运转的大型物流中心、配送中心和分拨中心建设，重点支持标准化、规模化、集约化的配送中心建设；支持流通末端共同配送点和卸货点的建设和改造，鼓励建设集配送零售和便民、利民服务等多功能于一体的物流配送终端；鼓励现有站场和规划货运枢纽站场的升级转型，重点培育从事城市共同配送的现代物流服务龙头企业。同时，发挥市场配置资源的基础性作用，充分利用市场竞争机制，鼓励更多的企业参与现代物流基础设施建设，多渠道、多方式吸引社会资本进入配送市场，逐步形成城市配送现代物流服务市场主体的新格局。

③要促进共同配送市场经营模式的发展。构建共同配送模式应考虑现有配送相关资源归属、配送需求类别、数量、城市配送现状以及第三方物流企业的实际情况，参考企业协同配送模式，从部分专业性较强的行业入手，逐步推广至多个行业。重点选择一些大型配发市场、年营业额过亿元的商贸流通企业、年营业额较大的物流龙头企业来承担共同配送的试点示范任务，以此为主导来打造专业的城市共同配送中心，不断总结经验，构建城市共同配送现代物流服务体系标准。

④要建立共同配送的评估指标体系，促进企业改进管理模式，促进体系建设的良好发展。共同配送的核心在于为经营性企业提供一个市场化的经营机制，有完善的进入机制、经营机制和退出机制。因此要通过设定环境指标、经营指标、客户满意指标等考核指标，定期对共同配送企业进行考核，评定企业是否具备共同配送能力和服务标准，对不达标企业，取消政策支持，对于评价较好的企业给予鼓励，以此推动共同配送的健康发展。

⑤要推进共同配送现代物流信息化、平台化与标准化建设。内部信息系统建设靠企业自身来实现，城市共同配送现代物流公共信息平台建设必须由政府来主导，以加强供应链上下游的信息对接，保障信息流的畅通。要建立一个统一、科学、规范的标准体系，通过制定现代物流配送系统的内部设施、机械装备、专用工具等技术标准，包装、仓储、装卸、运输等各类作业标准，以及具有现代物流特征的物流信息标准，在各参与主体之间建立起相互交流、相互协作的平台与纽带，从而减少冲突、提高效率。

⑥要发挥物流行业协会在共同配送中的作用。利用城市共同配送现代物流的特点，为行业协会创造更多的协调、引导、发挥作用的空间。在城市共同配送现代物流服务体系建设中，要充分发挥物流行业协会在普及行业管理规范、推广技术标准、交流行业发展信息、沟通和联系行业内企业等方面的作用，加强与政府的沟通，促进行业自律。支持创办从事物流信息传播、网络软件应用、物流技术服务、专业人才引进、从业人员培训、企业信用鉴定、行业资质论证、市场行情分析等服务的企业，为实现共同配送服务提供有力保障。

4. 即时配送

"即时配送"是近两年兴起的一个新概念、新业态，是综合运用新一代信息技术和人力众包等模式，实现点到点、无仓储、无中转、即需即送的快捷物流服务。对于普通公众来说，最为熟悉的即时配送就是餐饮外卖。实际上，这一业态最初即来源于餐饮外卖。随着人们对本地配送服务的需求越来越广泛，即时配送的范围迅速扩展到商超、日用、医药等领域，成为与人们日常生活息息相关的服务业态。数据显示，2022年我国即时配送订单预计超过400亿单，同比增长30%，市场规模约2 000亿元。

与传统物流相比，即时配送具有速度快、效率高、服务范围广等优势。首先，即时配送通过在附近的骑手或快递员进行配送的方式，大大缩短了用户等待时间。其次，即时配送平台可以提供全城范围内的配送服务，覆盖范围广泛。此外，即时配送还具有灵活性高、响应速度快等特点，能够满足用户的个性化需求。

毫无疑问，即时配送对于畅通物流末端循环、打通"最后一公里"乃至"最后一百米"作用巨大。尤其是在疫情期间，即时配送有力保障了商家不闭店、居民不停供，在统筹疫情防控和经济社会发展上可谓功不可没。即时配送的这种鲜明特点，更决定其存在着巨大市场需求。

然而，即时配送行业的发展也受到一些因素的影响。首先，政策法规的限制是影响即时配送行业发展的重要因素之一。例如，在一些城市，即时配送平台需要获得许可证才能开展业务。其次，市场环境的变化也会影响即时配送行业的发展。例如，在疫情期间，消费者对即时配送服务的需求大幅增加，导致平台订单量激增。最后，技术创新也是影响即时配送行业发展的重要因素之一。例如，无人车、无人机等新技术的应用将进一步提高即时配送的效率和服务质量。

展望未来，即时配送行业将迎来更大的发展机遇。国务院办公厅发布的《"十四五"现代物流发展规划》指出，要促进即时配送行业健康有序发展。未来几年，即时配送行业将继续保持高速增长，并逐步向数字化、智能化和绿色化方向发展。同时，随着新技术的不断涌现，即时配送也将向更多元化、创新化的方向发展。

三、移动电子商务物流配送中的问题

当今，我国电子商务进入迅速发展时期，但是电子商务与物流之间的相互依赖、相互促进的关系还没有得到企业的充分认可。因此，人们在重视电子商务的同时，却对面向电子商务的物流配送系统重视不够，导致物流配送系统建设相对落后，与电子商务结合不够紧密，这在很大程度上限制了电子商务高效、快速、便捷优势的发挥。具体说来，主要存在以下几个方面的问题：

1. 与电子商务相协调的物流配送基础设施有待进一步完善

虽然基于电子商务的物流配送模式受到了越来越多的关注，但由于观念、制度和技术水平的制约，我国移动电子商务物流配送的发展仍然有较大发展空间，与社会需求有一定差距。目前，虽然高速公路网络的建设与完善、物流配送中心的规划与管理、现代化物流配送工具与技术的使用，以及与移动电子商务物流配送相适应的管理模式和经营方式的优化等为物流配送提供了支持，但仍无法完全适应我国移动电子商务物流配送的要求。

2. 移动电子商务物流配送的相关政策法规不完善

目前，我国物流管理体制还处于区域、部门分割管理的状态，区域之间缺乏统一的发展规划和有序的协同运作，归口管理不一致，制约了移动电子商务物流配送的发展。由于缺乏一体化的物流系统，电子商务很难发挥其应有的突破空间、快捷交易的功能。此外，与移动电子商务物流配送相适应的财税制度、社会安全保障制度、市场准入与退出制度、纠纷解决程序等还不够完善，制度和法规的缺陷都阻碍了移动电子商务物流配送的发展。

3. 物流配送的电子化、集成化管理程度不高

移动电子商务物流配送之所以受到越来越多企业的青睐，在于电子商务迎合了现代顾客多样化的需求，网络上的定制化服务越来越多地出现，电子商务企业只有通过电子化、集成化物流管理把供应链上各个环节整合起来，才能对顾客的个性化需求做出快速反应。但从我国的现实来看，企业的集成化供应链管理还处于较初级阶段，表现在运输网络的合理化有待提升、物流信息的传递不及时等方面。这与我国物流业起步较晚，先进的物流技术设备，如全球定位系统、地理识别系统、电子数据交换技术、射频识别技术、自动跟踪技术等还较少应用有关。没有先进的技术设备做基础，移动电子商务物流配送企业的集成化管理就难以实现；而集成化管理程度不高，移动电子商务物流配送企业的效率就会大打折扣。

4. 熟悉电子商务的物流配送人才匮乏

由于移动电子商务物流配送在我国的发展时间较短，大多数从传统物流企业转型而来的企业在人才的储备和培育方面显然还不能适应电子商务时代的要求，有关电子商务方面的知识和操作经验不足，这直接影响了企业的生存和发展。另外，与国外形成规模的物流教育系统相比，我国在物流和配送方面的教育还相当落后，尤其是在移动电子商务物流配送方面的教育。实践中成功运行的案例缺乏和熟悉移动电子商务物流配送人才的匮乏，都制约了移动电子商务物流配送模式的推广，也影响了移动电子商务物流配送的成功运营。

第四节　移动电子商务物流设备和技术

一、移动电子商务物流设备

物流仓储设备是现代化企业的主要作业工具之一，是合理组织批量生产和机械化流水作业的基础。对第三方物流企业来说，物流仓储设备又是组织仓储物流活动的物质技术基础，体现着企业的物流能力大小。物流仓储设备领域中许多新的设备不断涌现，如四向托盘、高架叉车、自动分拣机、自动引导搬运车、集装箱等，极大地减轻了人们的劳动强度，提高了仓储物流运作效率和服务质量，降低了物流成本，在物流仓储作业中起着重要作用，极大地促进了物流仓储的快速发展。

物流仓储设备按用途可分为包装设备、仓储设备、集装单元器具、装卸搬运设备、流通加工设备、运输设备。

1. 包装设备

包装设备是指完成全部或部分包装过程的机器设备。包装设备是使产品包装实现机械化、自动化的根本保证，主要包括填充设备、罐装设备、封口设备、裹包设备、贴标设备、清洗设备、干燥设备、杀菌设备等。

2. 仓储设备

仓储设备主要包括货架、堆高车、搬运车、出入境输送设备、分拣设备、提升机、搬运机器人以及计算机管理和监控系统。这些设备都是在自动化或半自动化、机械化的商业仓库中堆放、存取和分拣承运物品的。

3. 集装单元器具

集装单元器具主要有集装箱、托盘、周转箱和其他集装单元器具。货物经过集装单元器具的集装或组合包装后，就具有较高的灵活性，处于准备运行的状态。这有利于实现储存、装卸、运输和包装的一体化，达到物流作业的机械化和标准化。

4. 装卸搬运设备

装卸搬运设备是指用来搬移、升降、装卸和短距离输送物料的设备，是物流机械设备的重要组成部分。从用途和结构特征来看，装卸搬运设备主要包括起重设备、输送设备、搬运设备等。

5. 流通加工设备

流通加工设备是指货物在物流中心中根据需要进行包装、分割、计量分拣、添加标签条码、组装等作业时所需的设备。它可以弥补生产过程中加工程度的不足，有效地满足用户多样化的需要，提高加工质量和设备的利用率，从而更好地为用户提供服务。

流通加工设备种类繁多，按照不同的分类标准，可分成不同的种类。一般以加工形式和加工对象进行分类。

（1）按加工形式对流通加工设备进行分类，可分为：

①剪切加工设备。剪切加工设备是进行下料加工或将大规格的钢板裁小或裁成毛坯的设备。例如，用剪板机进行下料加工，用切割设备将大规格的钢板裁小或裁成毛坯等。

②集中开木下料设备。集中开木下料设备是在流通加工中将原木截成各种锯材，同时将碎木、碎屑集中起来加工成各种规格的板材，还可以进行打眼、凿孔等初级加工的设备。

③配煤加工设备。配煤加工设备是将各种煤及一些其他发热物质，按不同的配方进行掺配加工，生产出各种不同发热量燃料的设备。

④包装加工设备。包装加工设备是为了便于销售，在销售地按照所要求的销售起点进行新包装、大包装改小包装、散装改小包装、运输包装改销售包装等加工的设备。

⑤组装加工设备。组装加工设备是采用半成品包装出厂，在消费地由流通部门所设置的流通加工点进行拆箱组装的加工设备。

（2）按加工对象对流通加工设备进行分类，可分为：

①金属加工设备。某些金属材料的长度、规格不完全符合用户的需求，若采用单独剪板下料方式，设备闲置时间长、人力消耗大，而采用集中剪板、集中下料的方式可以避免单独剪板下料会引发的问题，提高材料利用率。

在流通中进行加工的金属材料主要有钢材、铝材、合金等。金属加工设备是对上述金属进行剪切、折弯、下料、切削加工的机械。它主要分为成型设备和切割加工设备等。其中，成型设备又包括锻压机械、液压机、冲压设备、剪折弯设备、专用设备；切割加工设备包括数控机床（加工中心、铣床、磨床、车床）、电火花成型机、线切割机床、激光成型机、雕刻机、钻床、锯床、剪板机、组台机床等。此外，用于金属流通加工的还有金属切削机床、金属焊接设备、机械手、工业机器人等。

随着金属成品、半成品迈入超精密加工时代，放电加工机床所扮演的角色更为重要，它成为各中小型金属加工厂不可或缺的金属加工设备。近年来，国际放电加工机床的功能不断推陈出新，朝着精密化、自动化方向发展，其应用在中小型金属零件的加工处理上更加省力。例如，放电加工机床应用在金属半成品加工的快走丝、慢走丝切割机领域，效果显著。

②水泥加工设备。水泥加工设备主要包括混凝土搅拌机械、混凝土搅拌站、混凝土输送车、混凝土输送泵、车泵等。

混凝土搅拌机械是水泥加工中常用设备之一，它是制备混凝土时，将水泥、骨料、砂和水搅拌均匀的专用机械。

混凝土搅拌机械改变了以粉状水泥供给用户、由用户在建筑工地现制现拌混凝土的方法，而将粉状水泥输送到使用地区的流通加工点（称作集中搅拌混凝土工厂或商品混凝土工厂），在那里搅拌成商品混凝土，然后供给各个工地或小型构件厂使用，这是水泥流通加工的一种重要方式。

③玻璃加工设备。在流通中，玻璃加工设备主要是指对玻璃进行切割等加工的专用机械，包括各种各样的切割机。在流通中对玻璃进行精加工还需清洗机、磨边机、雕刻机、烤花机、钻花机、丝网印刷机、钢化和夹层装备、拉丝机、拉管机、分选机、堆垛机、瓶罐检验包装设备、玻璃技工工具和金刚石砂轮等。

平板玻璃的"集中套裁、开片供应"是重要的流通加工方式，这种方式是在城镇中设立若干个玻璃套裁中心，按用户提供的图纸统一套裁开片，向用户供应成品，用户可以将其直接安装到采光面上。在此基础上也可以逐渐形成从工厂到套裁中心的稳定、高效率、大规模的平板玻璃"干线输送"模式，以及从套裁中心到用户的小批量、多户头的"二次输送"的现代物资流通模式。

④木材加工设备。木材是容重小的物料，在运输时占有相当大的容积，往往能使车船满装但不能达到满载，同时，装车、捆扎也比较困难，需要利用机械设备对木材进行磨制、压缩和锯裁等加工。

⑤煤炭加工设备。煤炭加工设备是对煤炭进行加工的机械，主要包括除矸加工机械、管道输送煤浆加工机械和配煤加工机械等。

除矸是提高煤炭纯度的加工形式。煤炭中混入的矸石可以采用除矸的流通加工设备排除矸石，提高煤炭运输效益和经济效益，减少运输能力的浪费。

煤浆加工主要是便于运输，减少煤炭消耗，提高利用率。管道输送是近代才开始兴起的一种先进技术。这种方法是在流通的起始环节将煤炭磨成细粉，再将其与水调和成浆状，使煤炭具备了流动性，最后像其他液体一样进行管道输送。

配煤加工是在使用地区设置集中加工点，将各种煤及其他一些发热物质，按不同配比进行混合加工，生产出各种不同发热量的燃料。

⑥食品流通加工设备。食品流通加工设备，依据流通加工项目可分为冷冻加工设备、分选加工设备、精制加工设备和分装加工设备。

冷冻加工设备是为了解决一些商品需要低温保质保鲜的问题，主要是生鲜食品，如鲜肉、鲜鱼等在流通中的保鲜及搬运装卸问题。

分选加工设备是指对一些农副产品，按照一定规格、质量标准进行分选加工的设备，如对果类、瓜类、谷物、棉毛原料等产品进行分选加工。

精制加工设备主要用于去除食品无用部分后，再进行切分、洗净等加工。

分装加工设备主要用于将运输包装改为销售包装。许多生鲜食品零售起点较小，而为了保证高效运输出厂，包装体积则较大，也有一些是采用集装运输方式运达销售地区，为了便于销售，在销售地区需要按所要求的零售起点进行新的包装，即大包装改小包装、散装改小包装、运输包装改销售包装等。

⑦组装产品的流通加工设备。很多产品是不易进行包装的，即使采用防护包装，其成本也很高，故对一些组装技术不高的产品，如自行车之类的产品，其组装可以在流通加工中完成，以降低储运费用。

⑧生产延续的流通加工设备。一些产品因其自身特性的要求，需要较宽阔的仓储场地或设施，而在生产场地建设这些设施是不经济的，因此可将部分生产领域的作业延伸到仓储环节完成。这样既提高了仓储面积利用率，又节约了生产场地。例如，服装的检验、分

类等作业，可以在服装仓库专用悬轨体系中完成相关作业。

⑨通用加工设备。通用加工设备主要包括：裹包集包设备，如裹包机、装盒机等；外包装配合设备，如钉箱机、裹包机和打带机；印贴条码标签设备，如网印设备、喷印设备和条形码打印机；拆箱设备，如拆箱机和拆柜工具；称重设备，如地磅秤等。

6. 运输设备

运输在物流中的独特地位使其对运输设备（又称"物流设备"）提出了更高的要求，要求运输设备具有高速化、智能化、通用化、大型化和安全可靠的特性，以提高运输的作业效率，降低运输成本，并使运输设备达到最优化利用。根据运输方式不同，运输设备可分为载货汽车、铁道货车、货船、空运设备和管道设备等。对于第三方物流公司而言，一般只拥有一定数量的载货汽车，而其他的运输设备就直接利用社会的公用运输设备。

物流设备是衡量物流技术水平高低的主要标志，现代物流设备体现了现代物流技术的发展。我国的物流设备现代化、自动化程度较高，其特点主要表现在以下几个方面：

（1）设备的社会化程度越来越高，设备结构越来越复杂，并且从研究、设计到生产直至报废的各环节之间相互依赖、相互制约。

（2）设备出现了"四化"趋势，即连续化、大型化、高速化、电子化，提高了生产率。

（3）能源密集型的设备居多，能源消耗大。

（4）同时现代设备的投资和使用费用十分昂贵，是资金密集型的，因而提高管理的经济效益对物流企业来说非常重要。

二、移动电子商务物流技术

现阶段，移动电子商务物流技术主要包括条码技术、电子数据交换、射频识别技术、地理信息系统和卫生定位系统。

条码技术是实现 POS 系统、电子数据交换、电子商务、供应链管理的技术基础，是物流管理现代化的重要技术手段。条码技术包括条码的编码技术、条码标识符号的设计、快速识别技术和计算机管理技术，它是实现计算机管理和电子数据交换中不可或缺的前端采集技术。条码是一种数据载体，它在信息传输过程中起着重要作用，如果条码出问题，物品信息的通信就被中断。因此必须对条码质量进行有效控制，确保条码符号在供应链上能够被正确识读，而条码检测是实现此目标的一个有效工具。

电子数据交换（Electronic Data Interchange，EDI）是通过电子方式，采用标准化的格式，利用计算机网络进行结构化数据的传输和交换。简单地说，电子数据变换就是企业的内部应用系统之间，通过计算机和公共信息网络，以电子化的方式传递商业文件的过程，即供应商、零售商、制造商和客户等在其各自的应用系统之间利用 EDI 技术，通过公共 EDI 网络，自动交换和处理商业单证的过程。EDI 技术的作用如下：

（1）节约时间和降低成本。由于单证在贸易伙伴之间的传递是完全自动的，所以不再需要进行传真和电话通知等重复性的工作，从而可以极大地提高企业的工作效率，降低运作成本，使沟通更快更准。

（2）提高管理和服务质量。EDI 技术与企业内部的仓储管理系统、自动补货系统、订单处理系统等企业 MIS 系统集成使用之后，可以实现商业单证快速交换和自动处理，简化采购程序、减低营运资金及存货量、改善现金流动情况等，也可以使企业更快地对客户的需求进行响应。

(3)发展业务的需要。许多国际和国内的大型制造商、零售企业、大公司对于贸易伙伴都有使用EDI技术的需求。当这些企业评价一个新的贸易伙伴时，其是否具有EDI技术是一个重要指标。某些国际著名的企业甚至会减少和取消给那些没有EDI技术的供应商订单。因此，采用EDI技术是企业发展新业务的重要需求之一。

射频识别(Radio Frequency Identification，RFID)技术，又称无线射频识别，是一种通信技术，俗称电子标签。其所带来的技术支持是：可通过无线电信号识别特定目标并读写相关数据，而无须识别系统与特定目标之间建立机械或光学接触。RFID类似于条码扫描，对于条码技术而言，它是将已编码的条形码附着于目标物，并使用专用的扫描读写器利用光信号将信息由条形磁传送到扫描读写器；而RFID则使用专用的RFID读写器及专门的可附着于目标物的RFID标签，利用频率信号将信息由RFID标签传送至RFID读写器。在运输管理方面采用射频识别技术，只需要在货物的外包装上安装电子标签，在运输检查站或中转站设置阅读器，就可以实现资产的可视化管理。与此同时，货主可以根据权限，访问在途可视化网页，了解货物的具体位置，这对提高物流企业的服务水平有着重要意义。

地理信息系统(Geographic Information Systems，GIS)技术的基本功能是将表格型数据（无论它来自数据库、电子表格文件或由程序直接输入）转换为地理图形显示，然后对显示结果浏览、操作和分析。GIS技术优化了物流配送路线，降低了物流配送服务成本，提高了服务质量，能够对配送网点送货线路划分和单车线路优化两大问题，进行深入的理论研究和应用分析。

卫星定位系统(Global Positioning System，GPS)即全球定位系统，其基本定位原理是：卫星不间断地发送自身的星历参数和时间信息，用户接收到这些信息后经过计算求出接收机的三维位置、三维方向以及运动速度和时间信息。物流配送系统结合GPS技术对配送货品进行路线和行程的优化，提高了配送效率，降低了配送成本。

本章小结

在移动电子商务环境趋势下，移动电子商务物流催生了许多新的模式。能满足移动电子商务发展的物流服务已经不再是传统意义上单纯的包装、配送、仓储、寄存等常规服务，而是由常规服务延伸出来的增值服务。物流管理作为供应链管理的一部分，借助新的物流技术，完成增值物流服务，推动新物流管理和供应链管理，以实现创新、超越常规、满足个性化需求等目标。这不仅提高了企业与客户之间的沟通效率，同时提高了双方交易的反应速度，让客户真实体会到新时代下物流的超值体验。

关键术语

移动电子商务物流、供应链、物流管理、物流配送、物流设备、物流技术。

配套实训

1. 利用现有外卖平台，了解其即时配送服务的方式与模式。
2. 分析菜鸟驿站的配送模式与淘宝平台运营模型的利弊。
3. 了解并分析京东物流配送的流程。
4. 收集并分析目前移动电子商务物流配送设备中最新的物流配送设备。

课后习题

一、单项选择题

1. 以下不属于移动电子商务物流配送的特征的是(　　)。
   A. 个性化　　　B. 虚拟性　　　C. 实时性　　　D. 系统化
2. 目前我国电子商务的配送模式主要有自营配送、第三方配送、(　　)。
   A. 共同配送　　B. 自主配送　　C. 实时配送　　D. 系统配送
3. 共同配送是指多个客户联合起来由一个第三方物流服务公司来提供配送服务，也称(　　)。
   A. 共享第三方物流服务　　　　B. 自主物流服务
   C. 共享物流服务　　　　　　　D. 联合物流服务
4. 射频识别，又称无线射频识别，是一种通信技术，还可称为(　　)。
   A. 电子标签　　B. 身份标签　　C. 技术识别　　D. 识别标签

二、填空题

1. 现阶段移动电子商务物流技术主要包括_____、EDI 技术、_____、GIS 技术、_____。
2. 电子数据交换通过电子方式，采用标准化的格式，利用计算机网络进行_____的传输和交换。
3. 移动电子商务物流设备出现了"四化"趋势，即_____、_____、_____、_____。
4. 根据物流设备完成的物流作业标准，可以将设备分为_____、_____以及_____三种。

三、简答题

1. 即时配送的优势有哪些？
2. 目前我国移动电子商务物流配送中存在哪些问题？

课后习题参考答案

第六章　移动电子商务娱乐

知识目标

(1) 掌握移动电子商务娱乐的含义。
(2) 掌握移动电子商务娱乐的形式与特征。
(3) 熟悉移动游戏的发展趋势和产业链。
(4) 了解移动电视、移动阅读的发展状况与不足。

素养目标

(1) 移动电子商务娱乐的市场占比大，应用场景多，相关行业从业者须树立社会责任。
(2) 立足中华优秀传统文化，以社会主义核心价值观为导向，创作符合职业道德的移动电子商务娱乐内容。
(3) 持续推动创新突破，完善移动电子商务娱乐传播方式。

导入案例

最近，小王在朋友圈看到这样几条关于抖音的吐槽："抖音5分钟，人间1小时啊！""1小时前，我说再看10分钟抖音就去洗澡睡觉。""我要卸载抖音！一晚上都在刷，啥都没干！"于是，对抖音一无所知的小王，也决定下载一个，探个究竟。后来，他发现自己也深陷其中，无法自拔。因为在抖音里，除了普通娱乐搞笑视频以外，同时也有许多其他领域的技能教学。

抖音现在越来越火——从2018年春节到2018年年底，抖音已经挤掉微信、微博、今日头条等一系列耳熟能详的软件，在下载榜第一名的位子上占据多时。

第六章　移动电子商务娱乐

讨论：如今抖音软件越来越火，成为众多人娱乐的主要工具，它的存在有什么必然性？现今抖音上都有哪些玩法，商家如何利用这些玩法达到自己的推广目的呢？

第一节　移动电子商务娱乐概述

移动电子商务娱乐（移动娱乐）简言之就是娱乐方式在移动通信终端上的应用。移动娱乐主要分为内容类移动娱乐和应用类移动娱乐两类。

一、内容类移动娱乐

内容类移动娱乐主要通过获取内容来达到娱乐目的，其包含了移动电视、移动阅读、移动音乐、移动直播等。

（1）移动电视。2004 年，移动电视第一次出现在人们的视野中。在各大媒体、IT 厂商、无线运营商及电视节目供应商的推动下，移动电视成为一种时尚潮流。

当前主流的移动电视包含两种形式：一种是以公交电视为主，应用于公共交通工具中，通过移动电视网、宽带互联网、移动通信网络构建数字媒体运营平台，向用户提供电视节目的移动电视；另一种是以具有操作系统和视频功能的智能手机为终端设备的移动电视，属于流媒体服务的一种。

（2）移动阅读。移动阅读是指用户通过各类移动终端，如手机、掌上电脑、Kindle 等，连接互联网在线或下载各类电子书进行阅读，或以手机接收短信、彩信等方式进行阅读。

（3）移动音乐。移动音乐是移动娱乐的重要类型之一，起源于美国，是为不同听觉环境下的听众专门制作的音乐。听众可根据喜好、心情、环境、气氛等因素来选择，是一种个性化很鲜明的音乐形式。早期的移动音乐以应用于彩铃及铃音的弦音乐为主。随着技术的进步，MP3 音乐成为移动音乐服务的主流，包含了音乐收听、音乐下载等多项服务。

（4）移动直播。移动直播是指以智能手机、平板电脑等手持终端为载体，依托网页或者客户端技术搭建虚拟网络直播间，为主播提供实时表演创作以及支持主播与用户之间互动打赏的娱乐形式。

随着我国移动互联网进入稳健发展期，行业整体向内容品质化、平台一体化和模式创新化方向发展。各移动应用平台进一步深化内容，寻求差异化竞争优势；同时，各类综合应用不断融合社交、信息服务、交通出行及民生服务等功能，打造一体化服务平台，扩大服务范围和影响力。从而，移动互联网行业从业务改造转向模式创新，引领智能社会发展，从智能制造到共享经济，移动互联网的海量数据及大数据技术的应用，为社会生产优化提供更多可能。四种内容类移动娱乐如图 6-1 所示。

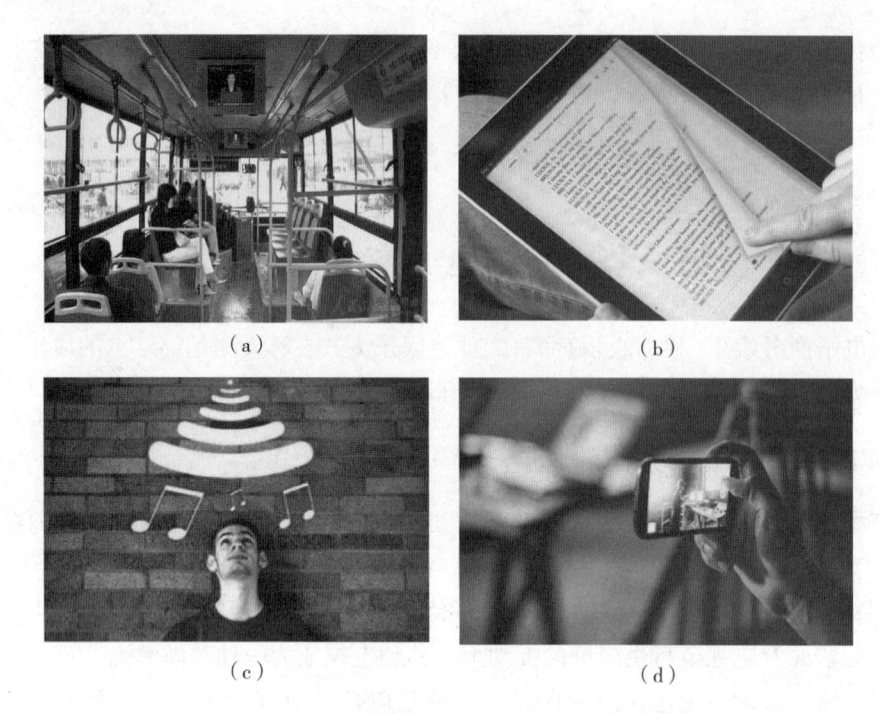

(a)移动电视；(b)移动阅读；(c)移动音乐；(d)移动直播。
图 6-1　四种内容类移动娱乐

二、应用类移动娱乐

应用类移动娱乐主要通过应用的具体功能来达到娱乐目的，其包含了移动游戏、移动社交等。应用类移动娱乐如图 6-2 所示。

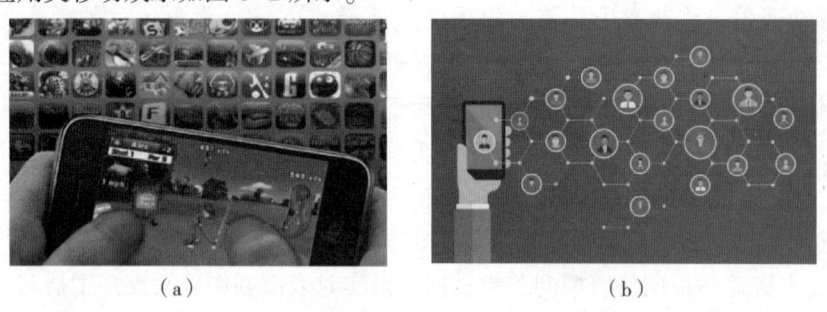

(a)移动游戏；(b)移动社交。
图 6-2　应用类移动娱乐

移动游戏是指利用移动终端设备，进行虚拟娱乐的行为。移动社交则是指用户以手机、平板电脑等移动终端为载体，以在线识别用户及交换信息技术为基础，按照流量计费，通过移动网络来实现的社交应用功能。移动社交不包括打电话、发短信等通信业务。与传统的 PC 端社交相比，移动社交具有人机交互、实时场景等特点，能够让用户随时随地创造并分享内容，让网络最大限度地服务于个人。

第二节 移动游戏

随着智能手机的普及，中国移动游戏市场呈百花齐放之势，在品类丰富的基础上，产品性能、画面质量不断实现突破，也一度成为市场核心竞争点。移动电竞已经成为移动游戏市场主流；国产动漫内容正在发力，成为资本注入的下一个领域；直播平台正在向泛娱乐转型。随着泛娱乐行业的互动发展，娱乐形式也正在相互连接，共同繁荣整个泛娱乐行业。

一、移动游戏概述

全球互联网加速进入移动化的新时代，移动游戏对整个游戏行业的贡献越来越大。预计全球移动游戏收入在 2021 年将超过 1 000 亿美元，为整个游戏行业贡献 59% 的收入。未来全球移动游戏行业的发展不容小觑。

而作为全球移动游戏最有活力的地区，2018 年亚太地区在全球移动游戏行业收入占比达到 63.6%，是第二大市场北美洲的 3.4 倍。未来亚太地区将是推动全球移动游戏行业发展的核心引擎。

1. 中国移动游戏市场规模

根据伽马数据对外发布的《2022 年中国游戏产业报告》数据显示，2022 年，中国移动游戏市场实际销售收入为 1 930.58 亿元，比 2021 年减少 324.8 亿元，同比下降 14.40%；2022 年，中国移动游戏市场的实际销售收入占比为 72.61%，近 5 年来首次下降，这个比例低于 2021 年的 76.06%，也低于 2022 年上半年的 74.75%，自 2014 年以来，7 年间增长了 8 倍的中国移动游戏市场，出现了首次下降。上述报告认为，这除了疫情影响和用户规模下降外，游戏新品上线少也是重要原因。中国移动游戏市场实际销售收入及增长率如图 6-3 所示。

图 6-3 中国移动游戏市场实际销售收入及增长率

从2022年中国移动游戏市场的用户规模来看，2022年，中国移动游戏用户规模约达6.54亿人，同比下降0.23%，移动游戏市场的用户规模增长已经停滞。用户规模下降的原因，则主要是由于疫情影响以及缺乏新产品等，导致用户流失，我国的游戏用户规模正式进入了存量市场时代。中国移动游戏市场规模如图6-4所示。

图6-4 中国移动游戏市场规模

2. 移动游戏分类

移动游戏是移动终端和游戏产品的结合，为用户提供了便捷的游戏服务。移动游戏包含了移动单机游戏和移动网络游戏两种。

（1）移动单机游戏。移动单机游戏指不需要连接互联网，下载后在移动终端可以离线运行的，单个用户使用的手机游戏，也包括用户可利用短信、蓝牙、Wi-Fi等进行联机的游戏。常见的移动单机游戏有俄罗斯方块、贪吃蛇、连连看等。

（2）移动网络游戏。移动网络游戏是基于移动互联网，多个用户可以同时参与的手机游戏，包含了网页游戏以及客户端游戏。

3. 移动游戏的特点

（1）便携性与移动性。移动游戏主要通过手机移动终端来实现，而手机便携性、移动性的特征更能满足用户随时随地玩游戏的需求，用户利用排队、等车的时间进行游戏，手机游戏碎片化的特性凸显。调查显示，29.8%的用户在用手机玩游戏以后，在电脑端玩游戏的时间减少，手机游戏已经开始抢夺电脑游戏时间。22.4%的用户手机游戏时间越来越长，仅有10%的用户手机游戏时间变短，手机游戏已逐渐成为一种普遍的娱乐方式。

（2）庞大的潜在用户群。全球在使用中的移动电话已经超过10亿部，而且这个数字每天都在不断增加。在除美国之外的发达国家，手机用户都比计算机用户多。手机游戏潜在的市场比其他任何平台（如Play Station和Game Boy）都要大。

（3）支持网络。因为手机是网络设备，在一定限制因素下可以实现多人在线游戏。随着移动网络的发展，移动游戏也越来越多地被大家接受，对于之前长期统治市场的掌上游戏机来说造成了不少的冲击。市场研究公司IDC和App Annie报告显示，2013年第一季度

iOS 和 Android 平台游戏业务营收是掌上游戏机的 3 倍。

二、中国移动网络游戏产业链简介

中国移动网络游戏产业链生态系统较为复杂且联系紧密，特别是 2015 年以来，移动游戏市场硬核联盟快速崛起，中重度游戏市场份额持续扩大，腾讯、网易加大精品游戏代理力度，产业链各环节市场竞争日益激烈，流量向头部企业集中，产业链上下游变化较大。因此，在当前时点，联合评级认为及时对移动网络游戏产业链形成较为清晰的认识，了解产业链上各参与主体的经营变化，对判断以移动网络游戏为主营业务企业的偿债能力非常重要。

1. 移动网络游戏产业链结构

移动网络游戏产业链由六个环节构成，包含了移动游戏终端制造商、移动游戏开发商、移动游戏独立运营商、移动游戏平台运营商、移动网络运营商以及用户。移动游戏产业链结构如图 6-5 所示。

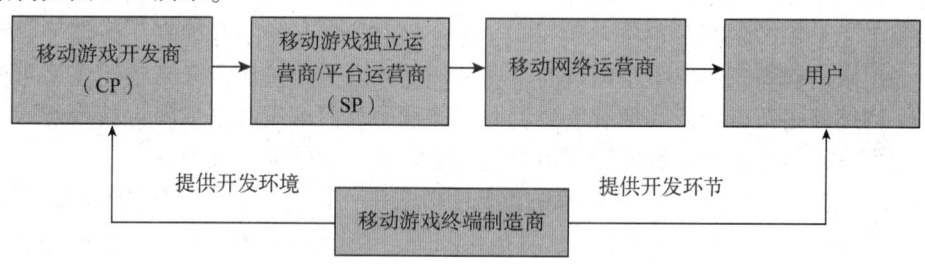

图 6-5　移动游戏产业链结构

2. 移动网络游戏产业链的参与者

移动网络游戏产业链生态系统上的核心参与者包括游戏研发商、游戏运营商、渠道分发商和玩家。同时，还包括基础设施，如支付工具和媒介资源等，其中网络媒介是玩家了解一款新游戏重要的渠道。移动网络游戏产业链的参与者如图 6-6 所示。

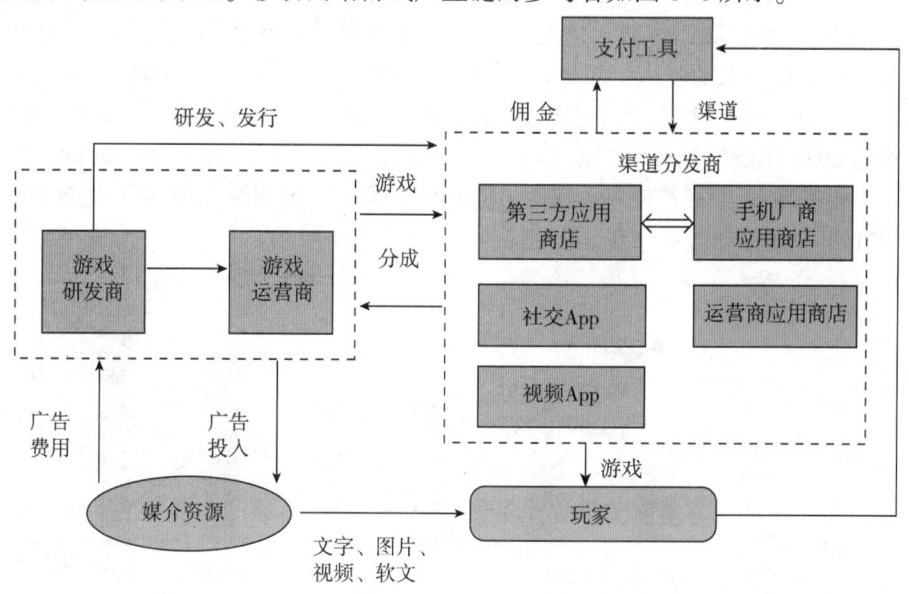

图 6-6　移动网络游戏产业链的参与者

3. 中国移动网络游戏产业链主要特征

目前中国移动网络游戏产业链主要呈现以下特征：

（1）中国移动网络游戏产业链涉及游戏研发商、游戏运营商、渠道分发商和媒介资源。在中国移动网络游戏产业链中，各领域企业头部效应明显，成功实现纵向一体化扩张的移动游戏网络公司具有很大竞争优势。

（2）中国移动网络游戏产业链分配已经明朗，具备较高话语权的环节获得了产业链上较为核心的位置。具体而言，从游戏充值流水分配角度看，渠道分发商取得了充值流水的最大部分，其次为游戏运营商，作为游戏重要获客渠道的媒介资源也取得了较大部分的流水分成。

（3）渠道分发商主要由手机厂商应用商店和第三方应用商店构成，头部效应明显。硬核联盟快速崛起成为安卓手机最大的渠道分发商，随着手机出货量增长，未来市场份额会进一步提高。流量获取能力以及流量维系能力越强的游戏渠道分发商，其主体信用水平越高。

（4）游戏运营市场格局变化较大，平台型游戏运营商市场占有率高，头部平台型游戏运营商信用水平较高。传统中小运营商市场份额受到进一步挤压，未来信用水平可能会有所下降；持续开拓新市场以及拥有上游资源的游戏运营商信用水平或将保持稳定；市场需要持续观察进入游戏运营领域的游戏运营商未来游戏运营的绩效表现。

（5）买量是移动网络游戏获得玩家的重要手段之一，移动 App 是其广告投放的重要渠道之一，移动 App 头部流量效应明显，呈寡头化发展，未来移动游戏获客成本可能会持续提高。

（6）传统端游研发商进入移动网络游戏，使移动网络游戏进一步精品化，中小移动网络游戏研发商生存空间受到进一步挤压，向手游转型较为成功的端游大厂的信用水平将保持稳定，中小游戏研发商的信用水平或将持续下降。拥有优秀研发团队、游戏产品、IP 以及运营较为成功的游戏研发商的信用水平将进一步提高。

三、中国移动游戏市场发展特征

（1）从移动游戏实际销售收入情况来看，2021 年移动游戏整体市场新产品较少，主要增长来源于原游戏带来的收入，整体增长有限。游戏工委数据显示，2021 年我国移动游戏实际销售收入为 2 255.38 亿元，同比 2020 年增长 7.6%，相较于 2020 年增速大幅度下降，主要原因是 2020 年疫情导致"宅经济"发展，人们在家中存在大量的休闲时间，导致移动游戏收入大幅度增长，随着疫情结束，企业逐步复工，市场恢复正常，增速回归正常。2015—2021 年中国移动游戏市场实际销售收入如图 6-7 所示。

图 6-7　2015—2021 年中国移动游戏市场实际销售收入

(2)与 2020 年相比,2021 年中国移动游戏用户规模变化不大,游戏人口的红利趋向于饱和。2021 年,中国移动游戏用户规模达 655.88 百万人,较上年增加 1.53 百万人,同比增长 0.23%,移动游戏用户规模持续上升。2015—2021 年中国移动游戏用户规模如图 6-8 所示。

图 6-8　2015—2021 年中国移动游戏用户规模

(3)资本市场再创新高,休闲社交热度升温。移动游戏资本市场在经历了 2016 年的小幅下滑后,2017 年逆势上涨,重新受到了资本市场的追捧。浙江金科娱乐文化在 2017 年年初就完成了全年最大的一笔收购计划:以 73 亿元收购了英国移动游戏开发商 Outfit 7,旗下拥有知名游戏产品"会说话的汤姆猫"。卧龙地产于 2017 年 3 月拟案花费 53.3 亿元收购卡乐互动,虽然最终未能如愿,但也可以看出资本市场对于休闲社交类游戏的重视。2020 年 6 月姚记科技以 2.63 亿现金作为并购支付对价收购了上海芦鸣网络科技有限公司 88% 的股权。

四、中国移动游戏市场中的优势行业

1. 游戏直播

伴随着移动游戏市场高速发展、资本大量涌入和技术环境不断成熟,游戏直播行业经历多年的快速增长已经迈入成熟发展阶段。同时,受益于网络直播平台的影响力扩大,游戏直播作为传播游戏内容的新媒介,在游戏产业链中的地位不断提升。一方面,直播吸引核心用户持续参与游戏体验,帮助延长游戏产品的生命力;另一方面,由于平台所具备的观赏属性,游戏用户之外的用户渗透率也不断提升,这有利于扩大游戏内容的影响力。

随着用户的增加,我国游戏直播市场规模也不断扩大,2021 年我国游戏移动直播市场规模达 948 亿元,同比增长 11.8%,2022 年中国游戏移动直播市场规模约 1 108 亿元。游戏直播平台已经开始寻找新的发展方向,在直播内容和盈利模式上进行新的探索,在传统游戏直播内容之外,平台不断探索将游戏直播视频内容展现形式多元化、短视频化,发展出包括影视、音乐、社交等在内的多样化内容,开拓出直播会员服务、游戏联运、云游戏等多元盈利模式。2019—2022 年中国游戏移动直播市场规模如图 6-9 所示。

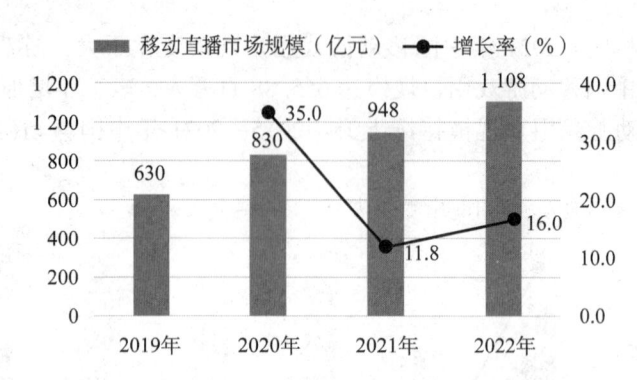

图 6-9 2019—2022 年中国游戏移动直播市场规模

2. 休闲移动游戏

(1) 休闲移动游戏介绍。休闲移动游戏泛指易上手的、规则相对简单的游戏。休闲移动游戏是对具有类似特性的游戏品类的统称,其中包含多种游戏玩法、游戏类型。相较其他中、重度的游戏而言,休闲移动游戏往往能在短时间内就带给玩家快乐,游戏与玩家的交互相对较弱,游戏中一般也不具备复杂的属性、操作与世界观设定。休闲移动游戏致力于通过多变的玩法、题材,在有限的时间内给玩家带来无限的娱乐体验。休闲移动游戏是移动游戏市场中历史最为悠久的类型,然而与刻板、传统的休闲游戏相比,今天的休闲游戏,早已不是单纯的三消,而是更多体现玩法融合以及中度化倾向。伽马数据发布《2022 年休闲移动游戏发展报告》就显示,在头部产品中,下载超过百万的头部产品,三消游戏最常见的融合对象——模拟类数量占比第二,仅次于益智解谜,如果以 50 万下载量为界限,该数字还会进一步上涨至 30%。休闲移动游戏类型及下载量占比如图 6-10 所示。

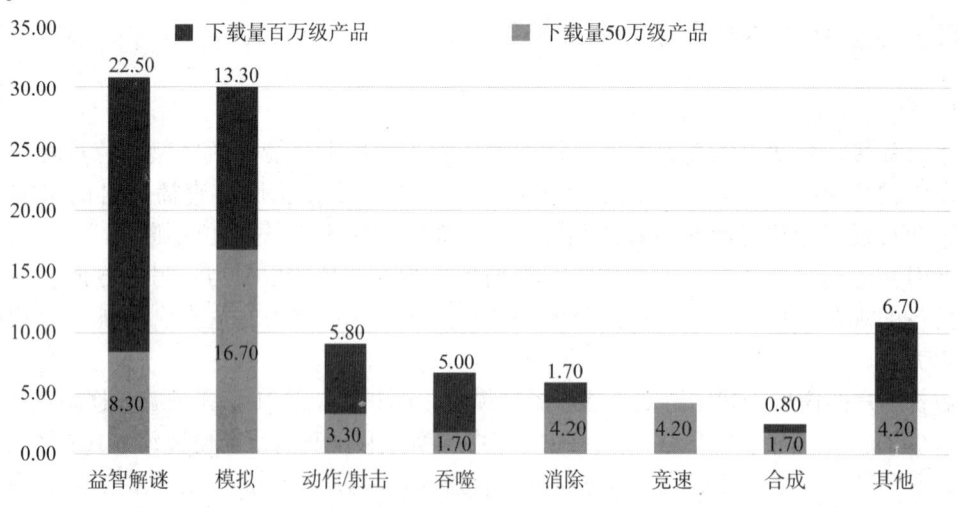

图 6-10 休闲移动游戏类型及下载量占比(%)

(2) 休闲移动游戏竞争优势。休闲移动游戏之所以能够在移动游戏中占据较大的竞争优势,其原因在于较低的游戏门槛、较大的满足感及较高的游戏品质。大部分的移动玩家认为"随时随地都能玩"与"游戏简单易上手"是让他们坚持玩休闲移动游戏的最主要因素。

产品的低门槛化已逐渐成为休闲移动游戏的核心产品特色与主要竞争优势。此外，游戏的新鲜感与题材的选择也是吸引用户下载的重要因素。2022 年休闲移动游戏吸引用户的主要因素分析如图 6-11 所示。

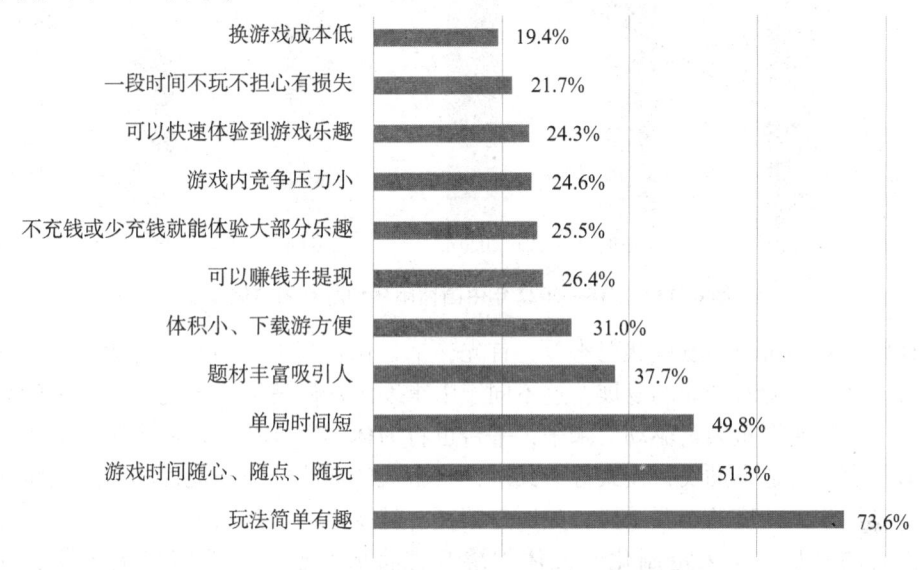

因素	占比
换游戏成本低	19.4%
一段时间不玩不担心有损失	21.7%
可以快速体验到游戏乐趣	24.3%
游戏内竞争压力小	24.6%
不充钱或少充钱就能体验大部分乐趣	25.5%
可以赚钱并提现	26.4%
体积小、下载游方便	31.0%
题材丰富吸引人	37.7%
单局时间短	49.8%
游戏时间随心、随点、随玩	51.3%
玩法简单有趣	73.6%

图 6-11　2022 年休闲移动游戏吸引用户的主要因素分析

（3）中国休闲移动游戏市场发展状况。2022 年之后中国休闲移动游戏市场规模出现波动，2022 中国休闲移动游戏市场规模为 344.4 亿元。2023 年 1—6 月，国内移动休闲游戏市场规模约为 167.05 亿元，较 2022 年同期下降 1.55%。2018 年—2023 年 6 月中国休闲移动游戏市场规模如图 6-12 所示。

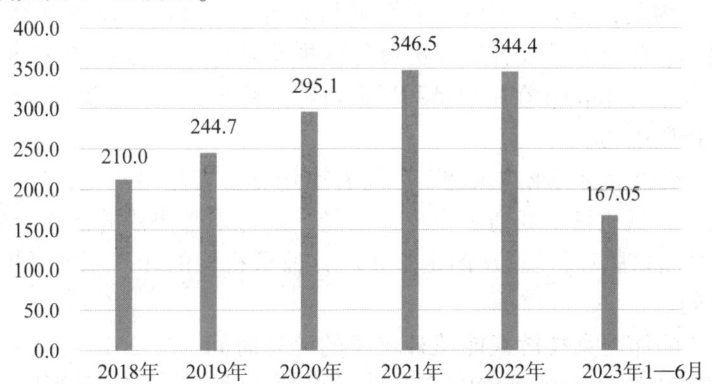

年份	市场规模（亿元）
2018年	210.0
2019年	244.7
2020年	295.1
2021年	346.5
2022年	344.4
2023年1—6月	167.05

图 6-12　2018—2023 年 6 月中国休闲移动游戏市场规模（单位：亿元）

就用户规模而言，2022 年中国休闲移动游戏用户规模为 5.2 亿人，较 2021 年有 1% 的缩减。相比于整体移动游戏用户，休闲游戏用户群体里中高龄用户占比更高。当前休闲移动游戏的普及率已达到较高水平，提高单用户价值将成为发展重点。2018—2022 年中国休闲移动游戏用户规模如图 6-13 所示。

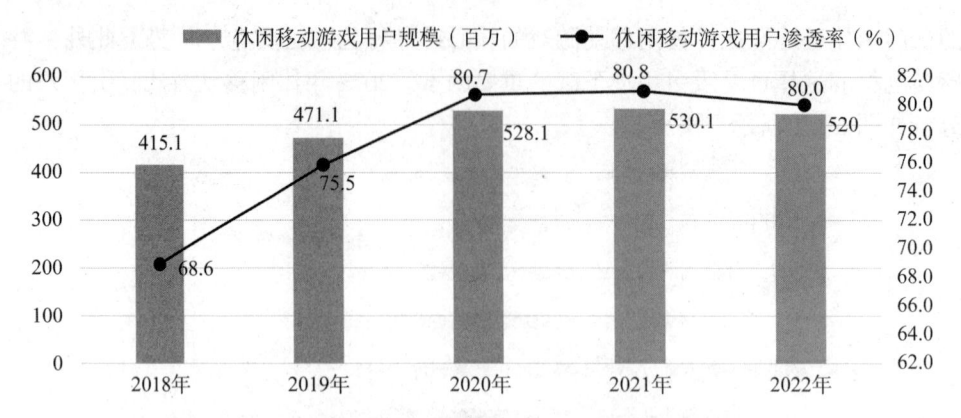

图 6-13　2018—2022 年中国休闲移动游戏用户规模

从休闲游戏现阶段的发展状况来看，首先，平台化是其未来的重要趋势之一，即以平台为核心推动休闲游戏产业的发展，这不同于中重度游戏研发商主导的模式，休闲游戏平台化发展主要受到多重因素驱动。未来，平台也将为休闲游戏产业发展提供更多支撑，如提供出海渠道、打造自助发行模式等。其次，将游戏的趣味性与功能性相结合也将成为更多行业提升用户关注度的重要手段，如医疗康复、健身运动等热门领域都具备与休闲游戏进一步融合的契机，未来定制化开发休闲游戏也将成为游戏产业跨界融合发展的热点之一。

五、中国移动游戏行业趋势

（1）取消畅销榜，编辑推荐地位提升。iOS 平台上，Apple 公司宣布在 2017 年 10 月新版本的 App Store 中取消畅销榜，这意味着一向以畅销榜为王、习惯利用自充值来打榜的厂商将无榜可刷。因此，编辑推荐的重要性就凸显出来。根据以往的经验，创新的玩法、艺术性的画面表达、和谐的游戏音乐将更容易被推荐到首页。而 Android 市场上，以编辑推荐为核心的游戏平台 Taptap 在用户量和玩家口碑上稳步上升，也侧面证明了玩法本身对于玩家有着巨大的吸引力。

（2）玩家对游戏质量的要求越来越高。随着市场竞争日趋白热化，玩家的游戏习惯和游戏品位逐渐成熟，低质量游戏通过换皮、买量、刷榜来赚快钱的模式会越来越行不通。同时，2016 年出台的"版号新规"逐渐走上正轨，监管机构的介入压缩了抄袭、山寨低质量游戏的生存空间。

（3）"短平快"的休闲竞技游戏能填补玩家的碎片时间。从 2010 年到现在，中国移动游戏经历了从休闲移动游戏到 MMORPG 游戏，再到移动竞技游戏的变迁。玩家的游戏习惯、付费习惯都逐渐成熟。轻竞技概念是相对于传统竞技而言的，指的是时间更短、更容易上手、由玩家双方进行的对抗性游戏。这类游戏既能很好地满足玩家相比休闲移动游戏更激烈的游戏需求，又能减轻玩家在传统竞技游戏中的疲惫感，从而受到玩家的欢迎。

（4）移动竞技游戏是指包含两名以上玩家在同一屏幕内进行对抗性操作的游戏，可以分为轻竞技类型与传统竞技类型两种。

①轻竞技类型移动游戏单局游戏时间通常不会超过 5 分钟，并且操作简单，容易上手，以 IO 类游戏为主。比较常见的轻竞技类型移动游戏如图 6-14 所示。

图 6-14　比较常见的轻竞技类型移动游戏

②传统竞技类型移动游戏单局游戏时间通常为 10~30 分钟，有一定的操作难度，需要精确的操作与战略权衡，以端游类型的移植产品为主。比较常见的传统竞技类型移动游戏如图 6-15 所示。

（5）社交渠道成为游戏运营和分发的新战场。用户规模接近天花板后，游戏市场逐渐从增量市场向存量市场过度，如何抢夺现有的游戏用户成了游戏厂商最为头疼的问题，而用户每天都必然会接触到的社交软件成了游戏运营和分发的新战场。

图 6-15　比较常见的传统竞技类型移动游戏

第三节　移动电视

一、移动电视概述

移动电视作为数字电视的一个分支，主要跟地面无线电视密切相关。地面无线电视的优势在于可以进行移动和便携接收，能够满足现代信息社会"信息到人"的要求。

1. 移动电视的定义

移动电视（Mobile Television）又称流动电视、行动电视、手提电视，狭义上指以广播方式发送，以地理位置不固定的接收设备为主要发送对象的电视技术。简单来说，就是指不经移动网络或互联网，直接在大气电波中发送电视频号到移动设备的技术。广义上移动电视则可以指在手持设备上接收前面狭义所指的信号收看电视节目，或以移动网络观看实时电视节目或其他影音。常见移动电视如图 6-16 所示。

图 6-16 常见移动电视

2. 移动电视的应用

移动电视可以采用无线数字广播电视网（DMB），也可以采用蜂窝移动通信网（GPRS或 CDMA），甚至 Wi-Fi、WiMax 等。在我国，多采用 DMB 和蜂窝移动通信网。

我国的移动电视还增加了由我国自主研发的中国移动多媒体广播（CMMB）数字移动电视技术，在 2008 年奥运会期间已经提供了相关业务，该系统采用卫星和地面网络相结合的"天地一体、星网结合、统一标准、全国漫游"方式，实现全国范围移动多媒体广播电视信号的有效覆盖。

3. 移动电视存在的问题

移动电视存在的一些明显的技术缺陷有以下几点：

（1）屏幕过小：传输清晰度和观看效果有较大限制，降低了消费者的观看兴趣。

（2）能耗过高：如使用手机电视功能，会使手机的待机时间明显缩短。

（3）传输时间较长：用 H.264 标准的手机看电视时，需要一段准备时间才能开始正常播放。

（4）帧速率低：帧速率只有 1~2 帧/秒，由于帧速率太低，视觉体验效果有待提高。

移动电视的使用过程中也伴随着潜在风险，主要表现在以下两个方面：

①影响交通安全：观看移动电视会分散行人及驾驶员的注意力，产生交通安全隐患。

②可能存在不良信息：采用 H.264 标准的手机看电视时，允许有很多流媒体服务商提供服务，信息监管缺乏，可能出现不良信息。

二、手机电视

手机电视（Mobile TV），是指以手机等便携式手持终端设备传播视听内容的一项技术或应用，手机电视具有电视媒体的直观性、广播媒体的便携性、报纸媒体的滞留性以及网络媒体的交互性。虽然手机电视业务的前景是美好的，但其发展历程并非一帆风顺。综合考虑技术、市场、内容与用户等多方面因素，国内手机电视业务在发展过程中将主要面临政策、认知、终端、操作、内容、标准、网络和资费等方面的障碍。

以下介绍手机电视的几种使用方法：

1. 首页推荐节目/频道

由于主要针对在线视频应用，因此进入手机电视首页后屏幕默认方向为横向。首页中间部分会显示十几个推荐节目，下边则是推荐的频道，节目和频道均可以左右拖动来浏览。

2. 收看电视节目

点击任意一个推荐节目即可开始收看。由于是在线视频的缘故，视频清晰度并不很高。在节目的播放过程中，点击屏幕任意位置可以弹出播放菜单。点击右上角的屏幕匹配按钮，会在全屏和视频原始比例间切换，下方一排按钮左侧的签到和分享是针对微博应用，用户可以将正在观看的节目分享至新浪微博或腾讯微博。点击所有频道则会弹出正在播出的所有节目列表。

3. 在所有频道中选择节目

除了直接在首页中收看推荐的节目外，用户也可以通过分类查找来收看节目。点击"所有频道"按钮，手机电视会按频道类型显示其支持的所有电视频道，如电视直播、综艺娱乐、新闻资讯和影视剧场等。进入分类后点击频道名称即可收看正在播出的节目，点击频道后边的"EPG"(电子节目单)可以查看该频道近一周的所有节目安排。

4. 我的收藏

用户可以点击节目后的心形按钮将常看的电视频道放在"我的收藏"中，这样收看节目就不必层层查找，省去很多时间。"我的收藏"中的频道同样支持查看"EPG"。

三、巴士在线

巴士在线作为中国领先的移动电视运营商，2007年经国家广电总局批准，与中央电视台合作，在全国范围内开展车载移动媒体业务，以"CCTV 移动传媒"为播出呼号，覆盖全国22个主流消费城市，每天向超过1亿乘客提供综艺、音乐、影视、生活、体育等内容服务。巴士在线的移动视频于2016年推出移动直播平台———LIVE 直播，并在业界首推"主播职业化造星计划"，围绕以 IP 运营为核心的运营策略，打造直播界的完整造星产业链。巴士在线的车载移动媒体如图6-17所示。

图6-17 巴士在线的车载移动媒体

1. 移动媒体

巴士在线推出的移动媒体大致包括三类：第一类是作为传统媒体延伸的移动媒体，即基于无线电信号传输的车载广播、车载电视等；第二类是基于手机增值业务的手机媒体；第三类是基于移动互联网的各种移动终端服务及设备，包括手机、笔记本电脑、上网本、平板电脑、电子阅读器、GPS 设备和娱乐设备。

2. 网生内容制作平台

巴士在线着力打造中国领先的网生内容专业制作平台，在持续向全网受众输出优质内容产品的同时，也为头部网红主播、直播内容、IP 内容进行升级。

3. 移动智能

巴士在线作为国内领先的微电声产品及服务提供商，公司拥有自主研发、独立知识产权的完整规格微型电声系列产品，以及创新的一站式电声解决方案。目前，巴士在线在借重组契机向移动智能硬件制造领域转型升级，未来还会持续关注并且研究移动智能领域的发展与公司其他业务的协同效应，形成从产品研发、高端制造到品牌销售的完整智能产业链。

第四节　移动阅读

一、移动阅读的内涵及特点

广义的移动阅读，是指使用移动终端进行的所有阅读行为，包含通过浏览器浏览手机网站，以及阅读新闻客户端、报纸客户端、杂志客户端、微博及微信的文章等。狭义的移动阅读，是指通过移动终端进行定向阅读的行为。通常，有以下两种阅读途径：

第一种，在移动终端(手机、PSP 等)上安装阅读软件，如熊猫读书、QQ 阅读。这样做的好处是成本低，不用重新投资就可以获得阅读体验；而且方便携带，可以极大地提高"碎片时间"的利用率，但是无法解决用眼过度的问题。

第二种，使用专用的电子书阅读器(如 Kindle 等)。电子书阅读器的好处有：贴近真纸阅读，不伤眼，无辐射，电子书资源庞大。但缺点是需要资金购买，只适合追求高质量阅读的群体，且便携性稍逊一筹。

移动阅读的兴趣从侧面反映了人们对于精神财富的一种追求。同时，也需要有高质量的电子读物去满足这种需求。在电子读物方面，一种做法是将古今中外的经典书籍转换为电子书资源，另一种做法就是创作新的网络书籍。

用户通过各类移动终端，如手机、平板电脑、iPad、MP5 等，以在线或是下载各类电子书籍的方式进行阅读或是以手机接收短信、彩信的方式进行阅读。移动阅读具有便携性、互动性、精简性、丰富性四个特点。

二、移动阅读与传统阅读、网络阅读的比较

移动阅读与传统阅读、网络阅读的比较见表 6-1。

表6-1 移动阅读与传统阅读、网络阅读的比较

类型	阅读形式	书籍来源	屏幕影响	阅读地点	阅读时间	阅读资源	阅读成本	互动性
传统阅读	传统纸质书籍阅读	书店购买或是图书馆借阅	无屏幕影响	书店、家中、图书馆等固定场所	工作学习之余、饭后、睡前、假日等固定休闲时间	书店、图书馆等图书集中地区，受地域、销售量限制	正常书价	通过书信或是出版社与作者交流，交流过程缓慢
移动阅读	通过移动终端进行离线或是在线阅读	网友、出版社提供电子版，文学网站下载	阅读质量受移动屏幕大小影响	无固定场所	无固定时间	来源于网络，无地域及销售限制	免费或支付少量信息及服务费	通过网络留言、电子邮件等形式进行实时交流
网络阅读	通过电脑进行阅读	网友、出版社提供电子版	阅读质量受电脑显示屏影响	具备电脑并且能够连接互联网的场所	无固定时间	来源于网络，无地域及销售限制	免费或支付少量费用	通过网络留言、电子邮件等形式进行实时交流

三、移动阅读的现状及其存在的问题

近些年来伴随着移动网络用户，特别是4G、5G用户的增多，人们可用的移动设备功能越来越多，许多用户有了在手机上阅读的需求，很多厂商开发了移动阅读App，这就产生了一批移动阅读用户。移动阅读的群体非常庞杂，其整体素质参差不齐，用户需求各不相同，个人爱好也大相径庭。而且移动阅读的用户普遍不是在固定的活动区域进行阅读，他们更加偏向于时效性、便捷性、快速性的阅读体验，更加希望在最短的时间内获得更大的信息，更多的阅读快乐，所以这就需要一个信息更新快、阅读资源丰富、能够进行查询和交流的移动阅读平台。

现在移动资源主要从以下两个方面获取：第一，从移动阅读App上搜寻阅读资源；第二，从阅读网站上获得电子资源。不过在上述这些获取方式中缺少我们生活中最重要的阅读方式来源———传统出版社。因此，加强移动阅读资源的建设首先就应该加强与传统出版社的合作，传统出版商拥有大量的优秀资源，包括各种优质的作者、编辑等，可以把移动阅读中的传统阅读内容质量和阅读性进行发展。同时，应加强与专业资源方面的合作，包括和各个高等教育机构的资源共享。移动阅读的主要用户是20~30岁的高校在校生，他们需要专业资源来学习，并且移动阅读主要是在他们的碎片时间进行，这样可以提高他们在闲暇时间学习的可能性。

移动阅读在方便读者的同时，也需要加强版权保护。资源建设需要版权保护来推动，产业的良好发展也需要版权保护。没有版权的保护，优秀的资源会被盗版，出版社或者资源提供商将会难以生存，然后优秀资源逐渐减少，造成一个恶性的循环。版权保护可以从以下两点入手：首先可以利用先进的网络技术追踪窃取的资源去向，然后将其诉至法院；其次，引进第三方监管或者认证管理，利用先进技术对整个移动阅读资源进行监管，并且执行版权制度。

本章小结

移动互联网对娱乐行业的颠覆，首先来自渠道的变化。这并不只是多了一条传播渠道，还意味着成千上万个新渠道的诞生。网络时代成长起来的一代人，早已习惯用比特化的方式，在消费、社交、游戏、音乐、影视、动漫、文学领域进行娱乐。在"泛娱乐"概念的推动下，这些领域的文化资源，将在不同板块之间自由传递。

关键术语

移动电子商务娱乐、内容类移动娱乐、应用类移动娱乐、移动游戏、移动网络游戏产业链、移动电视、移动阅读。

配套实训

1. 根据移动娱乐的两种类型对现今具有代表性的移动娱乐进行分类。
2. 了解并分析轻竞技类型移动游戏的盈利模式。
3. 对移动直播的现状进行分析。
4. 分析移动阅读存在的问题，并提出解决方案。

课后习题

一、单项选择题

1. 应用类移动娱乐主要通过应用的（ ）来达到娱乐目的。
   A. 实际操作　　　B. 虚拟游戏　　　C. 具体功能　　　D. 模拟系统

2. 移动游戏是移动终端和游戏产品的结合，为用户提供便捷的游戏服务，包含了移动单机游戏和（ ）。
   A. 移动互动游戏　B. 移动竞技游戏　C. 移动网络游戏　D. 移动棋牌游戏

3. 移动网络游戏产业链涉及游戏研发商、游戏运营商、渠道分发商和（ ）。
   A. 消费者　　　　B. 平台供应商　　C. 游戏体验者　　D. 媒介资源

4. 从游戏充值流水分配角度来看，取得流水充值最大部分的是（ ）。
   A. 游戏运营商　　B. 游戏研发商　　C. 渠道分发商　　D. 媒介资源

5. 移动竞技游戏是指包含2名以上玩家在同一屏幕内进行对抗性操作的游戏内容，可以分为轻竞技类型与（ ）。
   A. 传统竞技类型　B. 单机竞技类型　C. 联网竞技类型　D. 重竞技类型

6. 狭义上说，移动电视是以广播方式发送，以地理位置不固定的接收设备为主要发送对象的( )。

  A. 电视技术 B. 联网技术 C. 技术识别 D. 网络技术

二、填空题

  1. 内容类移动娱乐主要通过获取内容达到娱乐目的，包含移动阅读、_____、_____、_____等。

  2. 以公交电视为主，应用于公共交通工具中，通过移动电视网、_____、_____构建数字媒体运营平台，向用户提供电视节目是主流的移动电视形式之一。

  3. 移动阅读的用户普遍不是在固定的活动区域进行阅读，他们更加偏向于_____、_____、_____的阅读体验，更加希望在最短的时间内获得更大的信息、更多的阅读快乐。

  4. 移动电视存在的技术缺陷，包括_____、_____、_____、_____。

  5. 电子书阅读器有_____、_____、_____、_____等好处。

三、简答题

  1. 当前主流的移动电视主要包括哪些形式？

  2. 移动游戏具有哪些特点？

  3. 休闲移动游戏为什么能够在移动游戏中占据较大的优势？

第七章　移动电子商务价值链与商业模式

知识目标

(1) 掌握移动电子商务价值链的基本概念。
(2) 熟悉移动电子商务的主要商业模式。

素养目标

(1) 了解前沿企业的移动电子商务价值链，培养学生的探索精神。
(2) 挖掘符合社会主义核心价值观的优质移动 App 内容，树立学生的文化自信。

导入案例

"过去基于价值链最尾端的交易效率提升的价值空间，已经慢慢到了饱和。"2020 年 12 月 21 日，京东自有品牌合作伙伴大会召开，首席战略官廖建文指出："互联网时代进入下半场，我们认为产业效率提升是京东的关注点，而其中很大程度上来源于供应链效率的提升。"因此，京东自有品牌宣布推出面向合作伙伴的"产业带 CEO 计划"，以京东数智化社会供应链为依托，通过共创(Co-create)、赋能(Empower)、开放(Open)长期绑定战略合作伙伴，助推工厂实现数字化转型升级。

10 多年前，京东提出了"十节甘蔗"理论，把消费品零售的价值链分为创意、设计、研发、制造、定价、营销、交易、仓储、配送、售后十个环节。其中，前五个环节归品牌商，后五个环节归零售商。

在发布会上，廖建文表示互联网零售走入下半场之后，从交易效率走到产业效率的时候，意味着京东需要构建一个新的基础设施，"这个基础设施代表了基于供应链新的延展，一定是从价值链的后五个环节走到前五个环节。"他说。

因此，京东未来将构建包含"商品供应链、服务供应链、物流供应链和数智供应链"在内的数智化社会供应链,同时构建能力生态、业务生态和平台生态。

讨论: 价值链与信息系统是否存在联系?信息系统对电商企业存在着怎样的影响与作用?

第一节 移动电子商务价值链

价值链是指产品或服务的创造、生产、传输、维护和价值实现过程中所需的各种投资和运作活动,以及这些活动之间相互关系所构成的链式结构。

价值链(Value Chain)这一概念是1985年由哈佛大学商学院Porter教授在《竞争优势》一书中提出来的。他将一个企业的经营活动分解为若干战略性相关的价值活动,每一种价值活动都会对企业的相对成本地位产生影响,并成为企业采取差异化战略的基础。如今,价值链理论被广泛地应用于服务行业,如银行、电信、新闻、娱乐等。波特价值链理论结构如图7-1所示。

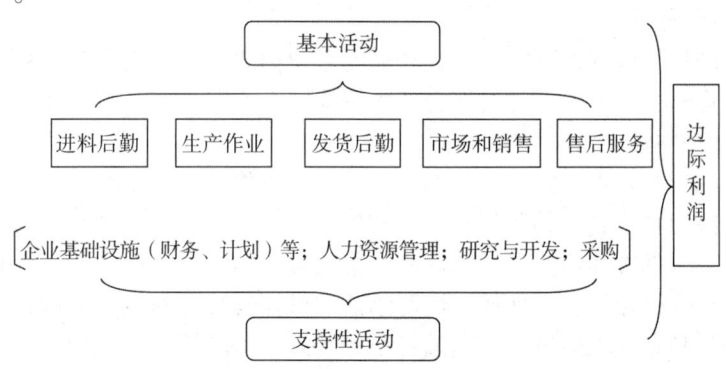

图7-1 波特价值链理论结构

企业的价值创造是通过一系列活动构成的,这些活动可分为基本活动和支持性活动两种,基本活动包括进料后勤、生产作业、发货后勤、市场和销售、售后服务等;支持性活动包括采购、研究与开发、人力资源管理和企业基础措施等。这些互不相同又互相管理的生产经营活动构成了一个动态过程,即价值链。

一、移动电子商务价值链的含义

移动电子商务价值链指的是直接或是间接通过移动平台进行产品或服务的创造、提供、传递、维持,以及从中获得利润的过程中形成的价值传递链式结构。

移动电子商务价值链参与者的构成主要包括用户、内容和服务相关运营商、技术相关运营商等。移动电子商务价值链中参与者的识别和分析如图7-2所示。

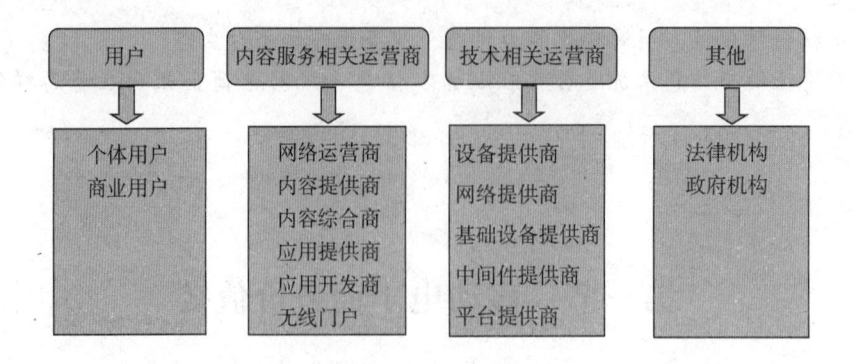

图 7-2　移动电子商务价值链中参与者的识别和分析

二、移动电子商务价值链的作用

移动电子商务价值链无处不在，上下游关联的企业与企业之间存在价值链，而企业内部各业务单元联系构成了企业的价值链，并且企业内部各单元之间也存在着价值链的联结，比如采购部门与销售部门、与客服部门、与管理部门等。

1. 价值链的启示

通过波特的价值链理论可以知道，企业与企业的竞争，不仅是某个环节的竞争，还是整个价值链的竞争，整个价值链的综合竞争力决定企业竞争力，即企业综合竞争力决定企业竞争力。

提升企业综合竞争力的方法有：第一，单个企业价值链需要经过其他价值链环节的合力才能实现，因此企业必须善于整合上下游资源；第二，企业要想在自己的价值链上处于有利的位置，必须掌握和培养自己的核心竞争优势；第三，企业既要让消费者满意，也要让价值链上的合作伙伴满意，如沃尔玛和宝洁的供应链协同模式；第四，企业要善于根据周围环境的变化和企业不同发展时期的特征和状态，不断转移价值创造的重心，将企业的创造价值集中在最能产生超值的活动上，从而获得超额价值。

2. 企业的价值链体系

一个企业同时存在两条价值链，一个是市场场所(实物价值链)，企业通过采购、生产、销售来创造企业的价值；一个是市场空间(虚拟价值链)，企业通过收集信息、筛选信息、加工信息等来创造价值。这两条价值链的增值方式和过程均不同。

3. 移动电子商务价值链的内容

20世纪80年代中期，移动技术开始出现。第一代移动电子商务价值链首先采用虚拟技术，利用无线设备建立和运营传输信号的无线网络平台，为电子信号无线传输提供网络条件；其次，终端设备制造商制作用户使用的终端设备；接着中间服务商提供终端上的设备程序，如系统集成、增值转接、专业分销等程序，这些程序把价值链上所有的参与者连接在一起，使之能够互相通信；最终，用户可以享受到无线服务提供商提供的各种服务。在此价值链中，无线服务提供商主宰着价值链。第一代移动电子商务价值链因其辐射大、稳定性低、价格昂贵等特点，已经被淘汰。20世纪90年代中期，第二代网络技术、数字技术开始普及，数字技术的出现为移动商务的发展提供了新的机遇，使得数字语音数据服务得以实现，这促进了原来的移动商务价值链中参与者的组合分化，以及新的参与者的介入，并且改变了参与者之间的价值分配关系。第一代价值链中的中间服务提供商与终端设备制造商整合在一起，形成了第二代价值链中的终端平台和应用程序提供商。第二代移动电子商务价值链采用数字技术，无线技术研发机构、内容服务提供商、基础设备服务提供商都为无线服务提供商提供基础设备、设施。在第二代移动电子商务价值链中，内容服务提供商通过数据服务内容进行优化、整合，从而推出能够通过无线网络传输，最终得到用户认可的产品；基础设施服务提供商从无线服务提供商中分离，不直接参与价值链上的价值分配，而是通过无线服务提供商提供基础设施服务获利；另外，终端平台和应用程序提供商整合了中间服务提供商和终端设备制造商。

20世纪末21世纪初，新一代无线高速数据传输移动通信技术(The Third Generation，3G)迅速发展。基于这项技术，可以提供各种多媒体数据服务。3G无线高速数据传输移动通信技术的发展引起了移动商务价值链的又一次革命，形成了第三代移动商务价值链。第三代移动电子商务价值链，是以无线网络技术为基础，在原有第二代的基础上新增了门户和接入服务提供商和支持性服务提供商。门户和接入服务提供商为内容服务提供商接入了无线网络的接口，联合了内容服务提供商和无线网络运营商。支持性服务提供商从无线网络运营商的职能范围内分化而来，其提供支持性服务，以及付费平台的搭建、付费安全、安全保障等。网络运营商专注网络构建和运营，以此降低运营风险。第三代移动电子商务价值链基于多媒体数据服务商，新增了彩信、游戏等模块，使内容更丰富，终端设备运行速度更快。虽然3G传输速率快，但还是存在着很多不尽如人意的地方。

相比3G，第四代移动通信技术能提供更大的频宽，满足现代社会对高速数据和高分辨率多媒体服务的需求。4G通信技术是第四代的移动信息系统，是在3G技术上的一次更好的改良，其相较于3G通信技术来说一个更大的优势，是将WLAN技术和3G通信技术进行了很好的结合，使图像的传输速度更快，让传输的图像看起来更加清晰。在智能通信设备中应用4G通信技术让用户的上网速度更加迅速，速度可以高达100 Mbps。

5G是第五代无线移动通信技术，其峰值理论传输速度可达20 Gbps，合2.5 GB每秒，比4G网络的传输速度快几十到上百倍。5G作为一种新型移动通信网络，不仅解决了人与人通信，为用户提供增强现实、虚拟现实、超高清(3D)视频等更加身临其境的极致业务体验，更解决了人与物、物与物通信问题，满足移动医疗、车联网、智能家居、工业控制、环境监测等物联网应用需求。最终，5G将渗透到各行业各领域，成为支撑经济社会数字化、网络化、智能化转型的关键新型基础设施。

4. 移动电子商务价值链的意义

移动电子商务的价值链的意义在于，它能够帮助企业更好地掌控整个交易流程，提高企业的效率。一个完整的移动电子商务价值链将企业的技术能力和操作流程完美地结合在一起。手机移动端的完善，可以使得企业获得更多的移动化服务，从客户端到服务端，建立起一个完整的移动电子商务价值链，提高企业的经营效率。

移动电子商务价值链的另一个作用是，企业可以利用它来实现供应链的有效管理，实现资源优化配置，从而提高企业的整体效率。由于移动端技术的发展，企业可以更好地进行资源调度和仓库管理，使得企业供应链的及时供应和准确派送更加可靠。

三、移动电子商务价值链的创新

移动电子商务价值链的创新，离不开计算机技术的迅速发展、各种设备的普及以及可以随时随地满足人们无线上网的需求，现如今移动电子商务价值链创新主要有以下特征：

1. 移动物联网商业宣传热点

移动运营商和通信设备制造商将围绕着移动物联网进行大力宣传，通过巨额资金的投入来唤醒消费者的热情和关注，创造更大商业价值。

2. 移动电子商务企业应用中心

无线关系客户管理、销售管理和其他企业应用将使企业用户不论在收入还是办公效率方面都受益匪浅。因此，移动电子商务企业应用将成为宣传的重头戏，消费者应用将转入幕后。

3. 无线互联网

消费者通过手持设备接入互联网来获取信息，如发邮件、购物等。手机和电脑的界限越来越模糊，并且手机取代电脑的趋势越来越明显，电脑能完成的手机将都能实现。

4. 手机扫描

向手机等手持设备嵌入条形码，通过刷手机条形码完成刷卡、支付等功能，更方便快捷。

5. 移动安全

随着人们习惯用手持设备接入互联网，手机支付、手机信息共享等操作成为当今趋势，移动安全也日益受到关注。和电脑类似，手机同样存在安全风险和潜在漏洞，因此移动安全将成为移动电子商务领域中的一个重要研究课题。

6. 无线广告

随着移动电子商务的发展和设备的普及，广告移动化也成为发展的必然结果。从最初的短信和彩信两种模式广告，到后来更加丰富的网页、移动推送等。无线广告将成为一种时尚，为广告客户提供了一个新的宣传媒介和展示平台。

第二节　移动电子商务的主要商业模式

商务体系结构反映了商务的固有特性，显示出商务运作的基本框架；价值创造是商务模式的本质和核心，不同的商务模式体现不同的价值。价值的实现方式存在差异。商业策略反映了商务的外延特征。商务模式与价值链之间的关系在于，价值链是在某种技术条件下所有相关实体及其相关获得组成的链式结构；商务模式是其中的某几个部分及其相关获得组成的业务运营和盈利模式。价值链强调技术所涉及的所有实体的类型和其在商务运营中的地位（链式关系中的所处阶段、利润分配方式）。商务模式强调相关企业运营过程中的关联，即各自是如何应用这种技术创造和实现利润的。

移动电子商务的主要商业模式包含了移动短信定制服务、移动广告、手机报、移动App和移动电子商务。

一、移动短信定制服务

短信定制是移动电子商务的主要服务内容之一，其方式有普通短信定制服务（SMS）和多媒体短信定制服务(MMS)。

SMS 的特点为：对手机性能的要求低，使用方便，价格低廉，技术容易实现，覆盖范围广。

MMS 的特点为：可以支持多媒体功能，借助高速传输技术和 GPRS 技术，以 WAP 为载体传送视频片段、图片、声音和文字等，不但可以在手机间传输，而且可以在手机与电脑间传输。图 7-3 为移动定制短信服务示意。

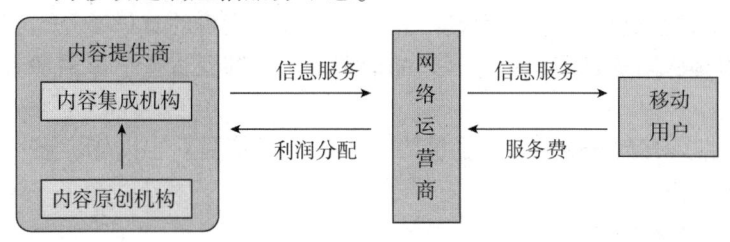

图 7-3 移动定制短信服务示意

二、移动广告

移动广告是通过移动设备(手机、PSP、平板电脑等)访问移动应用或移动网页时显示的广告，广告形式包括图片、文字、插播广告、html5、链接、视频、重力感应广告等。

移动广告在网络广告行业具有庞大的领先优势。按广告总费统计，中国移动广告行业的市场规模由 2017 年的约 2 550 亿元增加至 2021 年的约 8 360 亿元，市场渗透率达 60% 以上，2022 年达至约 8 946.5 亿元，到 2025 年移动广告市场规模预计达到 12 124.2 亿元。随着移动设备的普及性增加，以及媒体的用户迁移模式，移动广告占线上广告的比例逐渐增加。2018—2025 年中国移动广告行业市场规模及渗透率统计如图 7-4 所示。

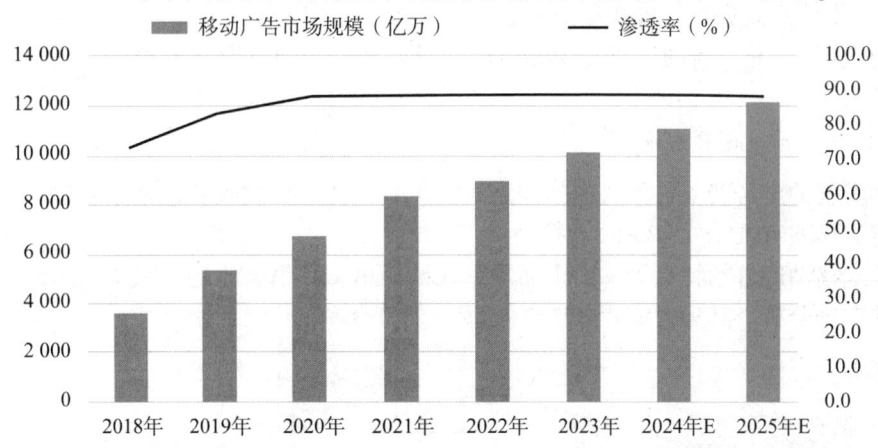

图 7-4 2018—2025 年中国移动广告行业市场规模及渗透率

1. 移动广告的优势

(1)具有移动的特性，灵活性强。过去的互联网广告要求在对的时间投给对的人，现在移动广告是在对的时间、对的地点投给对的人。所以，它对于技术上的要求更高，对于各种情境下的分析会更深入。

(2)手机用户庞大。截至 2023 年，我国移动互联网用户已达到 12.27 亿人，手机已经成为真正的"第五传媒"。同时，手机用户能较多地同外界联系，接收信息的能力强，其消费需求相对多样化，适合不同类型的广告宣传。

（3）用户个人信息全面、便于分析。现有的技术已经可以记录跟踪手机用户的具体操作，通过对消费者信息的有效把握，可以了解消费者的行为方式，这也是移动广告相对于其他形式广告最具优势的地方。

（4）移动广告可直接进入目标人群。其他广告难以准确分辨受众，对广告的效果只能通过业绩的变化情况来进行推测。移动广告由于明确了广告的具体受众类型，可以将广告直接送达目标群体，可通过跟踪记录客户的消费信息，甚至直接通过消费者通信，准确获知广告效果。

（5）移动广告具有自发传播性。手机终端不仅可以接受广告内容，还可以将广告内容向周围人群转发。

2. 移动广告商务模式

移动广告商务模式主要由广告客户（广告主）、内容/平台提供商、移动运营商、广告代理商、广告受众这五部分构成。图7-5所示为移动广告商务模式。

图7-5 移动广告商务模式

（1）广告客户（广告主）是最重要的一环，因为它是广告需求的发起者，其他环节的参与者的获利很大程度上取决于广告客户所付的广告费用。

（2）内容/平台提供商解决广告的内容创新问题与传播中的技术问题。

（3）移动运营商控制传播的渠道。

（4）广告代理商进行广告终端的策划与广告投放。

（5）广告受众是广告的最终接受者，他们对移动广告的态度很大程度上决定了这个新媒介的未来。

3. 移动广告的收费模式

移动广告的广告费支付形式包括固定收费、基于访问次数收费、基于效果收费。移动广告的传递形式有推动式（Push）和拉动式（Pull）。

推动式移动广告的特点为：由上而下，快捷简单，其精准化趋势在于对用户数据和用户行为的准确分析。其运营流程如图7-6所示。

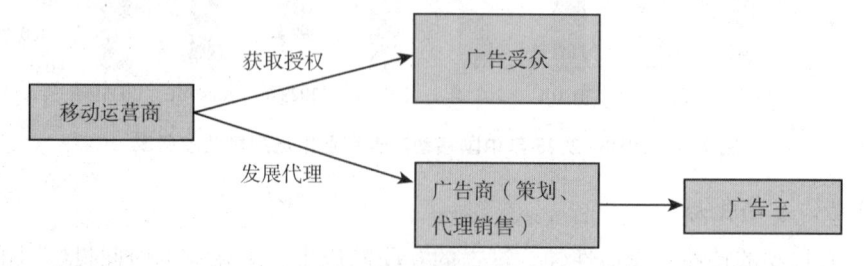

图7-6 推动式移动广告运营流程

推动式移动广告的商务模式为：在媒体应用上主要是获取用户授权，在客户方面主要是通过广告商发展用户。一方面，移动运营商利用捆绑或优惠活动，发展大量授权许可用户;另一方面,吸纳代理商发展广告主。由于广告形式简单,多数广告策划、设计工作可以直接由广告商(代理商)完成。

拉动式移动广告的特点为:具有客户许可的优势,以移动互联网为主要形式,服务提供商通过移动互联网提供内容吸引用户浏览,在大量客户浏览的基础上向商家销售广告平台,移动运营商仅仅是应用平台提供商,其平台、站点内容往往是由专业的广告商提供。广告商同时也承担广告代理销售的工作。拉动式移动广告来源于用户直接需求或者对用户行为分析出的"潜在需求",因此广告效果比较好。拉动式移动广告来源分析如图7-7所示。

图 7-7 拉动式移动广告来源分析

4. 移动广告的发展趋势

(1)坚持用户主导性,走绿色广告之路。有效的移动广告,关键是让广告内容和用户联系起来,做到许可营销,即不向用户发送未经许可的广告信息,走绿色广告之路,尽量减少未经许可的侵入,取而代之的是引导用户定制用户所需要的广告。

(2)尊重用户,严格保护用户隐私。在广告推送的过程中,广告商户需要搜集许多用户的个人信息,而如何保护这些信息不泄露,维护用户的隐私权不受侵犯,则是商户们需要持续警惕、不断考虑的问题。

(3)实施精准营销和情景式推送。精准营销是将广告受众精确细分,以使移动广告推送到合适的人手中;情景式推送则是在合适的时间和地点将移动广告推送到需要这些广告信息的手机上。例如情景式推送刚下火车就收到问候信息、酒店的预订信息和车票的服务信息等。

(4)加强业务创新,内容整合,实现多方共赢。移动广告商业模式的核心是实现广告主、移动运营商、技术提供商、媒体、消费者等产业链参与各方的共赢。从目前整个移动广告产业链来看,移动网络用户是广告的目标受众,是移动广告的终点。

三、手机报

1. 手机报概述与应用

手机报(Mobile Newspaper)是由报纸、移动通信商和网络运营商联手搭建的信息传播平台,把传统媒体的内容与手机通信方式相结合,以手机短信为载体,及时广泛地传播新闻资讯的非纸质报纸;它是以手机为终端载体,用户通过短信、彩信和WAP浏览新闻资讯的一种信息传播业务,已成为传统报业继创办网络版、兴办网站之后,跻身电子媒体的又一举措,是报业开发新媒体的一种特殊方式。

手机报主要应用于政府、学校、企业。

政府手机报是专门为政府部门量身定制的手机宣传媒体,容量为50KB,可以发送最多包含10张图片和1 000个字的信息。政府手机报是将国家政策、法律法规、国计民生、区域经济、政府规划、廉政教育等制作成彩信的形式发送给政府工作人员或者接受群众监督,意在于增强政府服务职能和群众监督职能,使政府服务更加公开、公平、公正。

校园手机报又称为大学生手机报,容量为50KB,可以发送最多包含10张图片和1 000个字的文字信息,成为大学生了解校园信息的最新选择。校园手机报提供的内容大多数为本校生活、学习信息,以及商业信息,编制和收看的都是本校学生,因此亲切感十足,阅读率高,宣传效果好。校园手机报阅读人群更集中与精准,成为商家产品推广的一种选择。

企业手机报是专门为企业量身定制的手机宣传媒体,容量为50KB,可以发送最多包含10张企业图片和1 000个字的文字信息。企业手机报将企业简介、经营特色、产品推荐、新品上市、促销活动等制作成彩信的形式发送给自己的客户或者合作伙伴,用户可通过手机来进行阅读和体验。企业手机报图文并茂的表现形式更能展现其宣传效果。

2. 手机报操作模式

手机报操作模式有三种。一种是彩信手机报模式。这种模式类似于传统纸媒,就是报纸通过电信运营商将新闻以彩信的方式发送到手机终端上,用户可以离线观看。另一种是WAP网站浏览模式。这种模式是手机报订阅用户通过访问手机报的WAP网站,在线浏览信息,类似于上网浏览的方式。还有一种是App应用客户端模式,这种模式是针对智能机用户,通过手机下载相应的App应用客户端,可以第一时间进行新闻提醒、新闻推荐,使用起来较前两种模式更为便捷、直观。

3. 手机报内容与传统报纸主要区别

从本质上来说,手机报与传统报纸大不一样。

首先手机报名为报,其性质却与传统报纸不同。如果说,传统的报纸意味着以纸质为媒介来报道信息、传播新闻,那么,手机报则是由电信、网络和传统媒体等多家产业共同合作打造的一种电子媒体,是以手机这种电子媒介报道新闻、传播信息,完全是从纸质飞跃为电子介质,其性质是多媒体。

其次,手机报的内容与传统报纸不同。

一是手机报内容比报纸更为丰富。手机报多为彩信手机报模式,即报纸通过电信运营商将新闻以彩信的方式发送到手机上,以供用户阅读;另一种是WAP网站浏览模式,即用户可通过访问WAP网站,在网上浏览新闻。由此可见,从内容的丰富性上说,传统报纸的内容多为文字新闻和图片新闻以及副刊,较为单一;而手机报的信息模式是多媒体,既有传统报纸的文字、图片内容,未来还将发展为包含声音、动画、影视、游戏、娱乐、互动等的多媒体内容。

二是手机报更强调娱乐性、交互性。从编辑方针上说,传统报纸和手机报更是有所不同。传统报纸一般比较严肃;而手机报在编辑方针上既强调新闻真实性,强调信息的服务性、有用性,同时更强调娱乐性、互动性。

三是手机报的新闻强调短些、精些,要远远短于报纸的篇幅。报纸要发挥自身优势,就要突出解释性报道,不怕篇幅长;而手机报容量小、屏幕窄,更强调信息的浓缩精炼。

最后,手机报和传统报纸的赢利模式不同。传统报纸主要靠发行和广告赢利,而手机报则主要通过三种手段实现赢利:一是对彩信定制用户收取包月订阅费实行赢利;二是对WAP网站浏览用户采取按时间计费的手段;三是借鉴传统报纸的做法,通过广告吸附来赢利。

四、移动 App

典型的移动 App 模式包括手机游戏等付费下载 App，或免费 App 中的付费模块等 B2C 商业模式。

1. 移动 App 核心资源

移动 App 的核心资源包括内容、平台、品牌三部分。

（1）内容。无论何种类型的 App，内容都是首要资源。移动 App 主要是满足用户某种类型的需求，通过用户的使用实现下载增值的服务。优质的内容是吸引用户聚焦的首要前提。

（2）平台。线上获取的主要渠道有电信运营商渠道、第三方应用商店、线上推广平台等。平台的选择关系到 App 推广的效果以及最后的收益。目前市场当中以 iOS 的应用商店用户质量最高、付费能力最强，因此在此平台推广的 App 收益也相对地高于其他平台。

（3）品牌。品牌是移动 App 的衍生资产，品牌口碑对下载付费应用尤为重要。

2. 移动 App 核心能力

移动 App 核心能力包括用户需求的挖掘、内容的生产制造、数据挖掘能力、运营推广能力四点。

（1）用户需求的挖掘。移动 App 主要依靠满足用户的某类需求为主要卖点，对于核心用户的选择，以及对于用户需求心理的把握，都会直接影响到产品最终的呈现形式以及未来市场走势。

（2）内容的生产制造。在对于核心用户有明确定位之后，进行产品设计，将需求转化为现实的产品，吸引用户注意力并不断更新产品设计提高用户黏度。用户黏性越高，使用时长越长，对功能的体验越深，才能有更多的付费转化机会。

（3）数据挖掘能力。在用户使用 App 期间会形成大量的用户数据，这些数据不但能够成为产品开发、推广当中的实际依据，同时也能够成为拓展潜在用户以及使产品二次盈利的工具。

（4）运营推广能力。目前移动 App 的发行渠道较为繁多复杂，选择优质渠道，定位有效用户成为推广环节中最有效的方法。

3. 移动 App 盈利模式

移动 App 的主要盈利模式分为下载付费、应用中付费、应用内置广告盈利。三类盈利模式相互补充且运营较为成功的移动 App 以"水果忍者"最为典型。该游戏采用免费下载+应用中付费的模式。通过免费下载迅速扩大用户基数，在游戏过程中依靠售卖道具实现增值付费。同时，由于较大用户基数使得该游戏吸引了一定数量的广告主投放广告，形成补充的盈利模式。在形成明确的口碑效应之后发布新的关卡，以下载付费的模式供用户使用。

五、移动电子商务

典型的移动电子商务模式如移动电子商务零售、手机团购、直播平台、直播带货、跨境电商、手机生活服务等 B2C 商业模式。

1. 移动电子商务核心资源

移动电子商务核心资源如下：

（1）庞大的智能手机用户群体。庞大的移动互联网用户人群将是发展移动电子商务的重要优势。

（2）各行业商家及线下餐饮、娱乐等服务。移动电子商务不仅可以为原有的互联网厂商进一步拓展市场，更重要的资源在于可以整合线下的企业，如餐饮、娱乐、旅游等厂商，通过移动端渠道，推荐自己的服务和产品。

（3）销售的实物商品。用户可以通过移动端更加方便快捷地购买一些实物商品。

2. 移动电子商务核心能力

移动电子商务核心能力如下：

（1）不受时间、地域限制。移动电子商务的最大优势就是用户可以随时获取所需的服务、应用、信息和娱乐，有效利用人们碎片化的时间。

（2）服务更加便捷。移动电子商务基于用户的位置信息、使用时间等动态信息，能更好地实现移动用户的个性化服务。同时，从整合服务流程上也更加便捷，通过银行、电话账单、应用内付费等方式完成购物。

3. 移动电子商务核心产品

移动电子商务核心产品如下：

（1）销售的实物商品，用户可通过移动端购买商品。

（2）线下餐饮及娱乐服务，可通过优惠券的方式销售虚拟物品。

（3）垂直搜索服务，为商家提供用户流量。

4. 移动电子商务的收费模式

移动电子商务的收费模式包括用户付费、商家付费、广告主付费三种。

（1）用户付费：用户通过移动端购买或订阅商品、优惠券等产品和服务。

（2）商家付费：商家向各个渠道平台支付加盟或佣金费用等。

（3）广告主付费：应用内广告主或品牌广告主支付广告费用。

本章小结

移动互联网商业模式就是为了提升平台价值、聚集客户，针对其目标市场进行准确的价值定位，以平台为载体，有效整合企业内外的各种资源，建立起各方共同参与、共同进行价值创新的生态系统，形成一个完整的、高效的、具有独特核心竞争力的产业链，并通过不断满足客户需求、提升客户价值和建立多元化的收入模式使企业达到持续盈利的目标。

关键术语

移动电子商务价值链、虚拟价值链、移动短信定制服务、移动广告、手机报、移动App、移动电子商务。

配套实训

1. 运用所学知识分析本章"案例导入"中京东的"十节甘蔗"理论的优点。
2. 识别并分析移动电子商务价值链中的各个参与主体。
3. 了解移动广告商务模式的组成主体与主要的收费、运行模式。
4. 思考如何提高移动App的四大核心能力。

课后习题

一、单项选择题

1. 人力资源管理属于企业价值创造的(　　)。
   A. 基本活动　　　　B. 生产活动　　　　C. 支持性活动
2. 第三代移动电子商务价值链新增了(　　)模块。
   A. 游戏　　　　B. 数字语音　　　　C. 虚拟技术　　　　D. 数据服务
3. 移动电子商务收费模式包括用户付费、商家付费和(　　)。
   A. 运营商付费　　B. 平台付费　　C. 广告主付费　　D. 消费者付费
4. 典型的移动App模式包括手机游戏等付费下载App，或免费App中的付费模块等(　　)商业模式。
   A. B2B　　　　B. B2O　　　　C. B2C　　　　D. O2O
5. 移动App的主要盈利模式分为下载付费、应用中付费、(　　)。
   A. 用户数据　　　　　　　　B. 平台抽点
   C. 服务费　　　　　　　　　D. 应用内置广告盈利
6. 移动广告的传递形式包括推动式和(　　)。
   A. 拉动式　　　B. 联网式　　　C. 传播式　　　D. 点击式
7. 短信定制是移动电子商务的主要服务内容之一，方式有普通短信定制服务和(　　)。
   A. 多媒体短信定制服务　　　　B. 联网短信服务
   C. 广告短信定制服务　　　　　D. 短信推广服务

二、填空题

1. 移动电子商务的主要商业模式包含_____、_____、_____、_____、_____。
2. 移动广告商务模式主要由_____、_____、_____、_____、_____。
3. 企业在市场场所(实物价值链)中，通过_____、_____和_____来创造企业的价值。
4. 企业的价值创造是通过一系列活动构成的，这些活动可分为基础活动和辅助活动两种，基本活动包括_____、_____、_____和销售、服务等。
5. 价值链是指产品或服务的创造、_____、_____和_____的价值实现过程中所需的各种投资和运作活动，以及这些活动之间相互关系所构成的链式结构。

6. 手机报的操作模式有_____、_____、_____三种。

三、简答题

1. 提升企业综合竞争力的方法有哪些？
2. 移动电子商务价值链指的是什么？
3. 移动广告的发展趋势是什么？

第八章 移动电子商务安全

知识目标

(1) 掌握移动电子商务主要的安全威胁形态。
(2) 熟悉移动电子商务面临的安全问题。
(3) 了解移动电子商务的安全技术。

素养目标

(1) 学习移动电子商务安全协议与标准,强调信息安全的重要性,立足爱国教育,保证国家信息安全。
(2) 了解移动电子商务的违法行为,增强法律意识,保护自身合法权益。
(3) 相关部门要完善法律法规的建设,加强平台的管理与维护,减少交易风险。

导入案例

2022年11月11日,姚女士在某电商平台网购了一件产品,几天后,自称是网购平台的"客服"给她打电话,说商品质量有问题,给她退款,同时双倍赔偿,但需要验证码。

姚女士怀疑是骗子,但是对方把她的购物信息,包括商品的名称、型号、订单号、收款地址、手机号码等,都准确地报了出来。姚女士确信对方是平台客服人员,因此放松了警惕。

过了一会儿,"客服"再次给姚女士打电话,称财务是新人,退款的时候退多了钱,希望姚女士把钱退回来。经过确认,姚女士发现账户上真的多出了一笔钱,于是把钱退给了对方。随后,"客服"又用类似的借口,让姚女士总共转出了19 800元。

没过多久,姚女士收到一条短信,说她在某网贷平台成功办理一笔19 800的贷款。姚女士这才恍然大悟:原来自己账户上"多出"的钱,就是以她本人的身份从网贷平台上借来的。她把"借来"的钱全部亲手转给了骗子。

讨论： 采用移动端进行购物可能面临哪些安全威胁？

第一节　移动电子商务的安全问题

一、移动电子商务技术上面临的安全问题

移动电子商务由于采用了移动网络通信技术，其无线通信信道是一个开放性信道，因此移动电子商务的通信过程中存在着比传统有线电子商务更多的不安全因素。

1. 无线窃听

传统的有线网络利用通信电缆作为传播介质，这些介质大部分处于地下等一些比较安全的场所，因此中间的传输区域相对来说是受控制的；而在无线通信网络中，所有的通信内容（如移动用户的通话信息、身份信息、位置信息、数据信息等）都是通过无线信道传送的，无线信道是一个开放信道，是利用无线电波进行传播的，因此在无线网络中的信号很容易受到拦截并被解码，只要具有适当的无线接收设备，就很容易实现无线窃听，并且很难被发现。

对于无线局域网络和无线个人区域网络来说，通信内容更容易被窃听，因为它们都工作在全球化统一公开的工业、科学和医疗频带，任何个人和组织都可以利用这个频带进行通信。很多无线局域网和无线个人区域网络采用群通信方式来相互通信，即其他移动站都可以接收每个移动站发送的通信信息，这使得网络外部人员也可以接收到网络内部通信内容。

无线窃听会导致信息泄露，移动用户的身份信息和位置信息的泄露将导致移动用户被无线跟踪。另外，无线窃听也会导致一些其他攻击，如传输流分析，即攻击者可能并不知道消息的真正内容，但他知道这个消息的存在，并知道消息的发送方和接收方地址，从而可以根据消息传输流的信息分析通信目的，并猜测通信内容。

2. 身份冒充攻击和交易后抵赖

在无线通信网络中，移动站与网络控制中心以及其他移动站之间不存在固定的物理连接，移动站必须通过无线信道传送用户的身份信息。由于无线信道在传送信息的过程中可能被窃听，当攻击者截获到一个合法用户的身份信息时，就可以利用这个信息来冒充该合法用户的身份入网操作，这就是所谓的身份冒充攻击。攻击者在截获了合法用户的身份信息后，可以冒充合法的用户接入无线网络，访问网络资源或者使用一些收费通信服务等。另外，攻击者还可以假冒网络控制中心，冒充网络端基站来欺骗移动用户，以此手段来获得移动用户的身份信息，从而冒充合法的移动用户身份。

交易后抵赖，是指交易双方中的一方在交易完成后否认其参与了此交易。这种威胁在传统电子商务中也很常见，假设客户通过网上商店选购了一些商品，然后通过移动电子商务支付系统向网络商店付费。这个应用系统中就存在着两种服务后抵赖的威胁：一种是客户在选购了商品后否认其选择了某些或全部的商品而拒绝付费；另一种是商店收到了客户的付款却否认已经收到付款而拒绝交付商品。

3. 重传攻击

重传攻击是指攻击者将窃听到的有效信息经过一段时间后再传给信息接收者，其目的是企图利用曾经有效的信息在改变了的情形下达到同样的目的。例如，攻击者利用截获到的合法用户口令来获得网络控制中心的授权，从而访问网络资源。

4. 病毒和黑客

与有线互联网络一样，移动通信网络和移动终端也面临着病毒和黑客的威胁。随着移动电子商务的发展，越来越多的黑客和病毒编写者将无线网络和移动终端作为攻击的对象。

首先，携带病毒的移动终端不仅可以感染无线网络，还可以感染固定网络。由于无线用户之间交互的频率很高，病毒可以通过无线网络迅速传播，再加上有些跨平台的病毒可以通过固定网络传播，这样传播的速度就会进一步加快。其次，移动终端的运算能力有限，PC 机上的杀毒软件很难使用，而且很多无线网络都没有相应的防毒措施。另外，移动设备的多样化以及使用软件平台的多种多样，使其感染病毒的方式也随之不同。

5. 插入和修改数据

攻击者进入正常的通信连接后，可能在原来的数据上进行修改或者恶意地插入数据和命令，还可以造成拒绝服务。攻击者可以利用虚假的连接信息使得接入点或基站误以为已达到连接上限，从而拒绝合法用户的正常访问请求。

攻击者还可能会伪装成网络资源，拦截客户端发起的连接并完成代理通信。这时，攻击者可以在客户端和网络资源中间任意地插入和修改数据，破坏正常的通信。

6. 无线网络标准的缺陷

移动电子商务涉及很多无线网络标准。其中，使用比较广泛的是实现无线手机访问因特网的 WAP 标准和构建无线局域网(WLAN)的 802.11 标准。

在 WAP 安全体系中，WTLS 协议仅仅加密由 WAP 设备到 WAP 网关的数据，以及从 WAP 网关到内容网络服务器的数据，信息是通过标准 SSL 传送的。因为数据要由 WTLS 转换到 SSL，所以数据在网关上有短暂的时间处于明文状态，其安全漏洞给移动电子商务的使用带来了很大的安全隐患。

802.11 无线局域网的安全问题主要包括以下两点：

一是 802.11 标准使用的 Web(有线等效加密)安全机制存在缺陷，公用密钥容易泄露且难以管理，容易造成数据被拦截和窃取。

二是 WLAN 的设备容易被黑客控制和盗用，以此来向网络传送有害的数据。

二、移动电子商务管理上面临的安全问题

1. 手机短信的安全管理问题

在移动通信给人们带来便利和效率的同时，也给人们带来了很多的烦恼。其中，垃圾短信成为困扰用户的主要因素。一些不法个人或公司一般通过购买不记名异地卡或非正常渠道获得一些价格十分低廉的、专门发送手机短信的短信号。这类短信显示的发送号码都是正常的 11 位手机号码。在一般情况下，回复的话，就会按照正常的短信计价，但是短信中诱惑性的文字可能会间接地骗取用户的金融资料，或者是诱骗机主拨打高额的信息台电话。垃圾短信使得人们对移动电子商务充满恐惧，不敢在网络上使用自己的移动设备从

事商务活动。

目前，通信公司对垃圾短信只是采取事后管理的办法，即限制手机短信的容量，如每天一个手机号码最多只能发送 100 条短信；发现有号码发送异常短信，就会采取 7 天内禁止该号码再发送信息等方法。但是，那些垃圾短信的制造者会轮流使用多张卡发送短信，每张卡的使用寿命也很短，这使得治理垃圾短信收效甚微。而且通信公司不敢贸然替客户屏蔽掉这些信息，同时移动运营商也要顾及客户的隐私权，这使得治理垃圾短信难度加大。

2. 服务提供商的安全管理问题

SP（即服务提供商）通过移动运营商提供的增值接口，可以通过短信、彩信、无线应用协议 WAP 等方式为手机用户发送产品广告，提供各种移动增值服务。由于 SP 与移动运营商之间是合作关系，因此移动运营商很难充当监督管理的角色，部分不法 SP 利用手机的 GPRS 上网功能向用户发送虚假信息和广告，诱导他们用手机登录该网站，实际上却使用户自动订购了某种包月服务，而以此骗取信息费。通过通信公司的网关发送短信，一般具备了"代扣费"功能，客户只要回复就会落入短信陷阱。这些垃圾短信的大量产生，让许多手机用户不敢看短信，不敢回短信，给一些正规的企业造成了市场困境。

3. 移动终端的安全管理问题

移动用户容易将比较机密的个人资料或商业信息存储在移动设备当中，如 PIN 码、银行账号，甚至密码等，原因是这些移动设备可以随身携带，数据和信息便于查找。但是，由于移动设备体积较小，而且没有建筑门锁和看管保证的物理边界安全，因此很容易丢失和被盗。很多用户对他们的移动设备没有设置密码保护，对存储信息没有备份，在这种情况下，如果丢失的数据或被他人恶意盗用，都将会造成很大的损失。另外，用户在使用移动设备时大多数是在公共场合，周围行人较多，彼此之间的距离很近，尤其是在地铁这样比较拥挤的交通工具上，设备显示信息和通话信息比较容易泄露给他人。

4. 工作人员的安全管理问题

人员管理常常是移动电子商务安全管理中比较薄弱的环节。未经有效训练和不具备良好职业道德的员工对系统的安全是一种威胁。工作人员素质和保密观念是一个不容忽视的问题，无论系统本身有多么完备的防护措施，也难以抵抗其带来的影响。

外来攻击者通过各种方式及渠道获取用户个人信息和商业信息，如果工作人员在各方面都加紧防范，可以杜绝不少漏洞。我国很多企业对职工安全教育做得不够，又缺乏有效的管理和监督机制，有些企业买通竞争对手企业的管理人员，窃取对方的商业机密，甚至破坏对方的系统，这给对方企业带来极大的损失。

5. 信息安全管理的标准化问题

目前，移动电子商务产业刚刚起步，这个领域还没有国际标准，我国的国家标准和统一的管理机构也还在建设中。设备厂商在无线局域网设备安全性能的实现方式上各行其道，使得移动用户既不能获得真正等效于有线互联网的安全保证，也难以在保证通信安全的基础上实现互通互联和信息共享。由于没有安全标准的评测依据，又缺乏有关信息安全的管理法规，主管部门很难对信息安全标准做出规范要求，这也为移动电子商务信息安全的审查和管理工作带来了很大困难。

第二节　移动电子商务主要的安全威胁形态

一、手机病毒

随着智能手机的普及和手机功能的多样化，人们已经不再局限于使用手机来进行通话，手机钱包、邮件收发、信息传递等越来越多的功能被植入手机，特别是手机上网功能的实现，使得越来越多的手机用户开始通过智能手机这个移动平台来访问互联网。据中国互联网络信息中心（CNNIC）发布的第 51 次《中国互联网络发展状况统计报告》显示，截至 2022 年 12 月，我国网民规模达 67 亿，较 2021 年 12 月增长 3 549 万，互联网普及率达 75.6%，较 2021 年 12 月提升 2.6 个百分点。截至 2022 年 12 月，我国手机网民规模达 65 亿，较 2021 年 12 月增长 3 636 万，网民使用手机上网的比例为 99.8%。但是，人们在享受手机上网带来便利的同时，却也不得不面临因手机上网带来的安全问题。智能手机设备一旦联上网络，就会和联网的普通 PC 一样，立刻暴露在网络高度威胁的风险之下。对联网 PC 的安全造成严重威胁的因素，如病毒、黑客等，也慢慢开始对智能手机设备产生同样的威胁。在 2000 年亚洲计算机反病毒大会的病毒报告中，仅有两例手机病毒；而到了 2013 年年底，具有破坏性、流行性的手机病毒已经达到了几十万种。根据瑞星发布的《2022 年中国网络安全报告》，2022 年瑞星"云安全"系统共截获手机病毒样本 152.05 万个，病毒类型以信息窃取、远程控制、恶意扣费、资费消耗等类型为主。间谍软件、网络钓鱼、域名欺骗软件、恶意软件、浏览器攻击以及僵尸网络等攻击软件正在迅速蔓延。手机病毒正在以越来越快的速度衍生，成为人们使用手机过程中遇到的主要安全问题。

手机病毒也是一种计算机程序，与其他计算机病毒一样具有传染性、破坏性。手机病毒可通过发送短信、彩信、电子邮件、浏览网站等方式进行传播，手机病毒会导致用户手机死机、关机、资料被删除，甚至还会损毁 SIM 卡、芯片等硬件。在国内，普遍接受的手机病毒的定义是：手机病毒和计算机病毒差不多，不同的是，手机病毒是以手机为感染对象，以手机和手机网络为传播平台，通过病毒短信、邮件等形式对手机和手机网络进行攻击，从而造成手机或手机网络异常。

1. 手机病毒的特点

手机病毒是计算机病毒的一种，几乎具备了计算机病毒的所有特性。手机病毒主要有以下几个特点：

（1）传染性。病毒通过自身复制感染正常文件，即病毒程序必须在被执行之后才具有传染性继而感染其他文件，达到破坏目标正常运行的目的。

（2）隐蔽性。隐蔽性是手机病毒最基本的特点。经过伪装的病毒程序还可能被用户当作正常的程序而运行，这也是病毒触发的一种手段。

（3）潜伏性。一般病毒在感染文件后并非立即发作，多隐藏于系统中，只有在满足其特定条件时，才启动其表现（破坏）模块。

（4）可触发性。病毒如未被激活，则会潜伏于系统之中，不构成威胁。一旦遇到特定的触发事件，则能够立即被激活且同时具有传染性和破坏性。

（5）针对性。一种手机病毒并不能感染所有的系统软件或是应用程序，其攻击方式往往具有较强的针对性。

（6）破坏性。任何病毒侵入目标后，都会不同程度地影响系统的正常运行，如降低系统性能，过多地占用系统资源，损坏硬件，甚至造成系统崩溃等。

（7）表现性。无论何种病毒，只要被激活以后，都将会对系统的运行、软件的使用、用户的信息等进行不同程度的针对性破坏。病毒程序的表现性或破坏性体现了病毒设计者的真正意图。

（8）寄生性。病毒嵌入载体中依载体而生，当载体被执行时，病毒程序也同时被激活，然后进行复制和传播。

（9）不可预见性。与计算机病毒相类似，手机病毒的制作技术也在不断提高，从病毒检测方面来看，病毒对反病毒软件来说永远是超前的。

2. 手机病毒的工作原理

手机中自带的相关应用软件以及手机安装的嵌入式操作系统（固化在芯片中的操作系统，一般由Java、C++等语言编写），均相当于一个小型的智能处理器，在使用过程中较易遭受病毒的攻击。而且，当前手机发送的短信也不只是简单的文本信息，其中还包括手机铃声、图片等信息，这些操作都需要手机中的操作系统进行解释，然后显示给手机用户，然而手机病毒就是利用这些软件系统的漏洞来入侵手机的。

手机病毒传播和运行的必要条件是：移动服务商要提供数据传输功能，而且手机需要支持Java等高级程序写入功能。现在许多具备上网及下载等功能的手机都可能被手机病毒入侵。

3. 手机病毒的分类

根据手机病毒的来源和传播机理的不同，可将当前的手机病毒划分为以下几大类：

（1）蠕虫型病毒。蠕虫型病毒是一种通过网络自我传播的恶性病毒，它最大的特性就是利用操作系统和应用程序所提供的功能或漏洞主动进行攻击，是病毒技术和黑客技术结合的产物，其隐蔽性和破坏性均不是普通病毒所能比拟的。它可以在短时间内通过蓝牙或短信的方式蔓延至整个网络，造成用户的财产损失和手机系统资源的消耗。

（2）木马型病毒。木马型病毒也叫后门病毒，其主要特征是运行隐蔽、自动运行、自动恢复，能自动打开特别的端口传输数据。木马型病毒的传播手段基本是靠网络下载和资源拷贝。随着当前黑客组织越来越商业化，其开发目的从最初的炫耀技术演变成现在的贩卖手机中盗取的个人或商业信息，因此手机用户面临的隐私泄露风险也越来越大。木马型病毒是当前数量增长最快的手机病毒类型。

（3）感染型病毒。感染型病毒的特征是将病毒程序本身植入其他程序或数据文件中，使文档膨胀，以达到散播传染的目的，传播手段一般是网络下载和资源拷贝。这种病毒破坏用户数据，难以清除。

（4）恶意程序型病毒。恶意程序型病毒专指对手机系统软件进行破坏的程序，其破坏方式就是删除或修改重要的系统文件或数据文件，造成用户数据丢失或系统不能正常运行启动。恶意程序型病毒的传播手段一般是网络下载和资源拷贝。

4. 手机病毒的攻击方式

（1）直接破坏手机功能，使手机无法为人们提供服务。这是手机病毒最初的形式，目前主要是利用手机程序的漏洞，发送精心构造的短信或彩信，造成手机程序出错，从而导致手机不能正常工作，就像经常在计算机上看到的"程序出错"的情况一样。病毒会给手机发送"病毒短信"。当用户发送短信时，会出现手机关机、重启等非正常情况。这主要是利用手机芯片程序中的"小虫"，以"病毒短信"的方式攻击手机，使手机无法提供某方面的服务，典型的例子就是针对西门子手机的 Mobile. SMSDOS 病毒。

（2）攻击 WAP 服务器等相关设备，使 WAP 手机无法正常接收信息。WAP 可以使小型手持设备（如手机等）方便地接入互联网，完成某些简单的网络浏览操作功能。手机的 WAP 功能需要专门的 WAP 服务器来支持，一旦有人发现 WAP 服务器的安全漏洞，并对其进行攻击，手机将无法正常接收网络信息。

（3）攻击和控制网关，向手机发送垃圾信息。手机病毒通过攻击和控制接入服务器，或者利用网关漏洞编写程序，向手机发送大量的垃圾短信。网关是网络与网络之间的联系纽带，如果一些手机病毒的作者能找到手机网络中的网关漏洞，同样也可以利用该漏洞研制出攻击网关的手机病毒，一旦攻击成功，将会对整个手机网络造成影响，使手机的所有服务都不能正常执行。其典型的方式就是利用各大门户网站的手机服务漏洞，编写程序，不停地使用某个手机号码订阅某项服务或者退订某个服务，例如 SMS Flood 病毒。

（4）攻击整个网络。如今有许多手机支持运行 Java 程序，如果病毒制作者能找到这些 Java 程序漏洞的话，就可以利用 Java 语言编写一些脚本病毒使整个手机网络产生异常。

二、手机木马

木马（Trojan）这个名字来源于《荷马史诗》中木马计的故事，"Trojan"一词的本意是"特洛伊的"，即代指特洛伊木马。木马程序是目前比较流行的病毒文件，与一般的病毒不同，它不会自我繁殖，也不会"刻意"地去感染其他文件，它通过将自身伪装以吸引用户下载执行，向施种木马者提供打开被种手机的门户，使施种者可以任意毁坏、窃取被种者的文件，甚至远程操控被种手机。手机木马病毒的产生，严重危害着现代网络的安全运行。

木马程序与移动网络中常常用到的远程控制软件相似，但由于远程控制软件是"善意"的控制，因此通常不具有隐蔽性；木马则完全相反，木马要达到的是"偷窃"性的远程控制，如果没有很强的隐蔽性的话，那就是"毫无价值"的。木马的远程控制是指通过一段特定的木马程序来控制另一个移动端。木马的程序一旦运行，控制端将享有服务端的大部分操作权限，例如给移动设备增加口令、浏览、移动、复制、删除文件，修改注册表，更改移动端配置等。

随着病毒编写技术的发展，木马程序对用户的威胁越来越大，尤其当木马程序用了极其狡猾的手段来隐蔽自己时，普通用户很难发觉。

1. 手机木马的原理

一套完整的木马程序包含两部分：服务端（服务器部分）和客户端（控制器部分）。被植入者正是服务端，而黑客正是利用控制端进入运行了木马程序的移动设备。运行了木马程序的服务端，会有一个或两个端口被打开，黑客可以利用这些打开的端口向指定地点发送数据，如网络游戏的密码，即时通信软件密码和用户上网密码等。黑客利用木马程序打开的端口进入移动设备系统，那么系统安全和个人隐私也就全无保障了。

一个木马程序包含了或者安装了一个"存心不良"的程序，它可能看起来是有用或者有趣的计划（或者至少无害），但是当它被运行时实际上是有害的。木马程序不会自动运行，它是暗含在某些用户感兴趣的文档中，是用户下载时附带的。当用户运行程序时，木马程序才会启动，信息或文档才会被破坏和遗失。木马程序和后门程序不一样，后门程序指隐藏在程序中的秘密功能，通常是程序设计者为了能在日后随意进入系统而设置的。

木马程序有两种：Universal 和 Transitive。Universal 就是可以控制的操作，而 Transitive 是不能控制的操作。

2. 手机木马的特征

手机木马程序不经手机用户准许就可获得手机的使用权，程序容量十分小，运行时不会耗费太多资源，因此若没有使用杀毒软件是难以发觉的。在手机程序运行时很难阻止它的行动，运行后，它会立刻自动登录在系统引导区，之后每次在 Windows 加载时自动运行，或立刻自动变更文件名，甚至隐形，或马上自动复制到其他文件夹中。

3. 木马发展

木马程序技术的发展可以说非常迅速，由于有些年轻人出于好奇，或是急于显示自己实力，不断改进木马程序的编写。至今，木马程序已经经历了六代改进。

第一代，是最原始的木马程序。主要是简单的密码窃取，通过电子邮件发送信息等，具备了木马最基本的功能，在隐藏和通信方面均无特别之处。

第二代，在隐藏、自启动和操纵服务器等方面有了很大的进步。国外具有代表性的第二代木马有 BOZ000 和 Sub7。"冰河"可以说是中国木马的典型代表之一，它可以对注册表进行操作以实现自动运行，并能通过程序设置为系统进程进行伪装隐藏。

第三代，其在数据传递技术方面有了根本性的进步，出现了 ICMP 等特殊报文类型传递数据的木马，增加了查杀的难度。

第四代，在进程隐藏方面有了很大改动，采用了内核插入式的嵌入方式，利用远程插入线程技术，嵌入 DLL 线程；或者挂接 PSAPI，实现木马程序的隐藏，甚至在 Windows NT/2000 下，都达到了良好的隐藏效果。"灰鸽子"和"蜜蜂大盗"是比较出名的 DLL 木马。

第五代，驱动级木马。驱动级木马多数都使用了大量的 Rootkit 技术来达到深度隐藏的效果，并深入内核空间，感染后针对杀毒软件和网络防火墙进行攻击，可将系统 SSDT 初始化，导致杀毒防火墙失去效应。有的驱动级木马可驻留 BIOS，并且很难查杀。

第六代，随着身份认证 UsbKey 和杀毒软件主动防御的兴起，黏虫技术类型和特殊反显技术类型木马逐渐开始系统化。前者主要以盗取和篡改用户敏感信息为主，后者主要以动态口令和硬证书攻击为主。

三、手机二维码扫描等其他类型的安全隐患

随着信息技术发展，手机网络给大家工作学习生活带来便利的同时，也存在种种安全保密隐患。2022 年扫码领取小礼品、"砍价"免费得商品、"蹭网"可以省流量等手机安全隐患层出不穷……这些行为的背后，都可能暗藏危机。不法分子可能利用这些途径实施网络诈骗、售卖个人信息、植入木马病毒等行为。例如，扫码领取小礼品这个二维码扫描活动，所谓"地推人员"在人流密集的场所摆摊设点，让群众用手机扫描二维码，然后创建微信群并让其拉自己的亲朋好友进群，犯罪分子在群内发布各种招聘信息广告，创建微信群的群众就可以得到水杯、纸巾等小礼品。但实际上这些招聘广告都是虚假的广告推送，所

谓"客服"就是诈骗分子。"引流"只是第一步，微信群内看到这些招聘信息的被害人，会被上游的诈骗分子忽悠下载其他聊天软件，紧接着以刷单、贷款、投资理财等各种名义实施电信诈骗。

第三节　移动电子商务的安全技术

一、加密技术

加密是一种最基本的安全机制，通过它可将明文转换成密文，只有知道解密密钥的人才能恢复出原来的明文。根据密钥的特点，可将密钥体制分为对称和非对称密码体制。加密技术可以用于保证移动电子商务中数据的保密性、完整性、真实性和不可否认性，移动电子商务中的加密算法一般采用非对称密钥加密。

加密是指使用密码算法对被保护数据做变换，只有密钥持有人才能恢复原有被保护的数据，其主要目的是防止信息的非授权访问，它是信息交换的基础。从业务的角度来看，通过加密实现的安全功能包括：身份验证，使收件人确信发件人就是他或她所声明的那个人；机密性，确保只有预期的收件人能够阅读邮件；完整性，确保邮件在传输过程中没有被篡改。从技术的角度来看，加密是利用数学方法将邮件转换为不可读格式从而达到保护数据目的的一门科学。现代密码学的基本原则是一切密码寓于密钥之中，即算法公开，密钥保密。

1. 对称密钥算法

对称密钥加密，也叫作共享密钥加密或机密密钥加密，是发件人和收件人共同拥有的单个密钥。这种密钥既用于加密，也用于解密，叫作机密密钥（也称"对称密钥"或"会话密钥"）。

对称密钥加密是加密大量数据的一种行之有效的方法。对称密钥加密有许多种算法，但所有这些算法都有一个共同的目的，即可用还原的方式将明文（未加密的数据）转换为密文。

由于对称密钥在加密和解密时使用相同的密钥，所以这种加密过程的安全性取决于是否有未经授权的人获得了对称密钥。使用对称密钥加密通信的双方，在交换加密数据之前必须先安全地交换密钥。对称密钥的有效性取决于密钥的交换是否安全。衡量对称密钥算法优劣的主要尺度是其密钥的长度。密钥越长，在找到解密数据所需的正确密钥之前必须测试的密钥数量就越多。需要测试的密钥越多，破解这种算法就越困难。

常见的对称加密算法有数据加密标准（Data Encryption Standard，DES）、EC4（Rirest Cipher 4）流加密算法等。

2. 非对称加密算法

非对称加密算法，又叫作公开密钥算法（公钥算法）。非对称加密使用两个密钥：公钥和私钥，这两个密钥在数学上是相关的。为了与对称密钥加密相对照，非对称密钥加密有时也叫作公钥加密。在公钥加密中，公钥可在通信双方之间公开传递，或在公用储备库中发布，但相关的私钥是保密的。只有使用私钥，才能解密用公钥加密的数据。使用私钥加密的数据只能用公钥解密。与对称密钥加密相似，公钥加密也有许多种算法。公钥算法（非对称加密算法）的主要局限在于这种加密形式的速度相对较低。

常见的公开密钥算法有 RSA（以三位科学家姓名首字母命名的算法）、Diffie-Hellman 等。其中，Diffie-Hellman 仅用于密钥交换。

二、认证技术

身份认证是防止攻击者主动攻击的重要技术。认证的主要目的：一是验证消息发送者和接收者的真伪；二是验证消息的完整性，验证消息在传送或存储过程中是否被篡改或延迟等。

认证过程一般通过以下技术手段实现：

1. 数字签名

数字签名是用于提供服务的不可否认性的安全技术，其功能与传统的手写签名一样，代表签名者对合同内容或服务业务的承认，因而它可以在签名者违反合同或用过某种业务时被用来作为证据，防止抵赖。

数字签名的目的是用来识别资料来源，本身并不具备对资料进行加密的功能，即被签过名的文件是以明文方式传送的。数字签名一般通过非对称密钥加密的反向运作来实现。

2. 数字证书

数字证书是网络交易双方真实身份证明的依据，它是一个经证书授权中心数字签名的、包含证书申请者个人信息及其公开密钥的文件。基于公开密钥体系的数字证书是移动电子商务安全体系的核心，其用途是利用公共密钥加密系统来保护与验证公众的密钥。数字证书是由可信任的、公正的权威机构颁发，以对申请者所提供的信息进行验证，然后通过向移动电子商务的各参与方签发数字证书来确认各方的身份，从而保证移动电子商务交易支付的安全性。数字证书在移动电子商务中具有以下作用：

(1) 证明在电子商务或信息交换中参与者的身份。

(2) 授权进入保密的信息资源库。

(3) 提供网上发送信息的不可否认性的依据。

(4) 验证网上交换信息的完整性。

三、VPN 技术

虚拟专用网（Virtual Private Network，VPN）是利用开放的公共网络建立私有数据的传输通道，从而将远程的分支办公室、商业伙伴、移动办公人员等连接起来，并且提供安全的端到端数据通信的一种 WAN 技术。

VPN 就是在公用的 Internet 网络上通过隧道协议建立起安全的私有网络。针对移动的特性，可通过 VPN 来解决移动上网中的安全问题。它可以满足以下三个安全的需要：第一，认证，确认信息源；第二，信息保密性，确认传输的信息是加密的；第三，数据完整性，确认数据没有被篡改。

虚拟专用网可以帮助远程用户、公司分支机构、商业伙伴及供应商和公司的内部网建立可信的安全连接，并保证数据的安全传输。通过将数据流转移到低成本的网络上，各企业的虚拟专用网解决方案将大幅减少用户花费在城域网和远程网络连接上的费用。同时，这将简化网络的设计和管理,加速连接新的用户和网站。另外,虚拟专用网还可以保护现有的网络投资。随着用户的商业服务不断发展,企业的虚拟专用网解决方案可以使用户将精力集中到自己的生意上,而不是网络上。虚拟专用网可用于不断增长的移动用户的全球因特网接入,以实现安全连接;也可用于实现企业网站之间安全通信的虚拟专用线路;还可用于经济有效地连接到商业伙伴和用户的安全外联网、虚拟专用网。典型的 VPN 系统结构如图 8-1 所示。

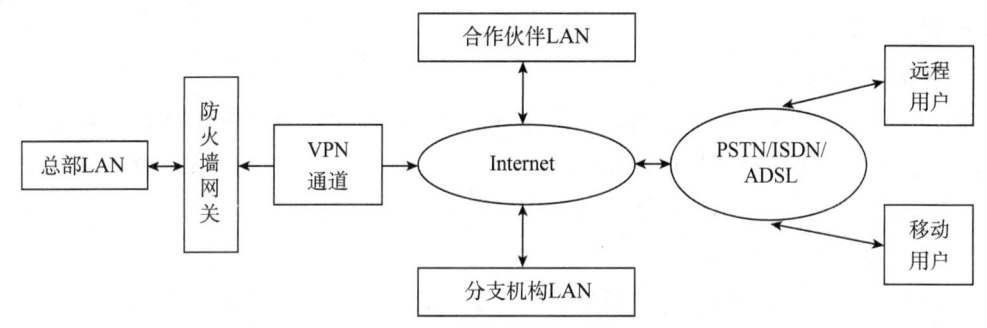

图 8-1 典型的 VPN 系统结构

1. VPN 技术的优点

VPN 技术的优点如下:

(1)信息的安全性。虚拟专用网络采用安全隧道(Secure Tunnel)技术向用户提供无缝的和安全的端到端连接服务,以确保信息资源的安全。这对于实现电子商务或金融网络与通信网络的融合特别重要。

(2)方便的扩充性。用户可以利用虚拟专用网络技术方便地重构企业专用网络(Private Network),实现异地业务人员的远程接入,加强与客户合作伙伴之间的联系,以进一步适应虚拟企业的新型企业组织形式。

(3)方便的管理。VPN 将大量的网络管理工作放到互联网络服务提供者(ISP)一端来统一实现,从而减轻了企业内部网络管理的负担。同时,VPN 也提供信息传输、路由等方面的智能特性及其与其他网络设备相独立的特性,也便于用户进行网络管理。

(4)显著的成本效益。利用现有发达的网络构架来组建企业内部专用网络,从而节省了大量的投资成本及后续的运营维护成本。

2. VPN 的主要技术

VPN 的主要技术如下:

(1)IPSec(Internet Protocol Security)是一组基于网络层的,应用密码学的安全通信协议簇。是网络工程师任务组(Internet Engineering Task Force,IETF)制定的 IP 安全标准。

(2)加密技术。数据加密的基本思想是通过变换信息的表示形式来伪装需要保护的敏感信息,使非授权者不能了解被保护信息的内容。

(3)隧道技术。简单地说就是:原始报文在 A 地进行封装,到达 B 地后把封装去掉还原成原始报文,这样就形成了一条由 A 到 B 的通信隧道。通过这些技术,再集成 PKI(公共密钥体系)可以构成堪称最完美、最严密的 VPN 解决方案。它通过密钥管理、安全交换以及隧道协议来实现移动设备的通信安全。

(4)QoS 技术。通过隧道技术和加密技术,已经能够建立起一个具有安全性、互操作性的 VPN。但是该 VPN 性能上不稳定，管理上不能满足企业的要求，这就要加入 QoS 技术。实行 QoS 技术通常是在主机网络中，即 VPN 所建立的隧道这一段，这样才能建立一条性能符合用户要求的隧道。

四、用户鉴权技术

在移动电子商务中，尤其是金融交易中，需要严格的用户鉴权。用户鉴权技术主要包括以下几种实现手段：

1. 双向身份认证

移动用户与移动通信网络之间相互认证身份，这是在移动通信中被普遍认同的一个安全需求，也是安全通信中最基本的安全需求。但是在第二代移动通信系统中存在很多安全问题，其中之一就是缺少用户对移动网络的身份认证，导致"中间人攻击"的威胁。

2. 密钥协商和双向密钥控制

移动用户与移动通信网络之间通过安全参数协商并确定会话密钥，保证"一次一密"。这样做一方面可以防止由于一个旧的会话密钥泄漏而导致的重传攻击；另一方面，也可以防止由通信的一方指定一种特定会话密钥带来的安全隐患，从而保证密钥的质量。

3. 身份认证协议尽量简单、计算量小、通信量小

考虑到目前移动通信系统的带宽受限，以及移动通信终端的计算资源有限，所以设计身份认证协议时，应保证尽量简单、计算量小、通信量小。在第三代移动通信系统中，带宽得到大幅改善，目前硬件的瓶颈得到了一定的突破，但手持移动通信终端的体积和市场价格决定了其计算资源和存储资源的有限性。

五、生物特征识别技术

生物特征识别技术（Biometric Recognition 或 Biometric Authentication）主要是指通过人类生物特征进行身份认证的一种技术，这里的生物特征通常具有唯一性（与他人不同）、可测量性、可自动识别、可验证遗传性和终身不变等特点。生物识别的核心在于如何获取这些生物特征，并将之转换为数字信息存储于计算机中，以及利用可靠的匹配算法来完成验证与识别个人身份的过程。

身体特征是人生来就具有的，如指纹、静脉、掌型、视网膜、虹膜、人体气味、脸型、甚至血管、DNA、骨骼等；行为特征是人后天习惯养成的，如签名笔迹、语音、行走步态等。生物特征识别系统对生物特征进行取样，提取其唯一的特征，然后将这些特征转化成数字代码，并进一步将这些代码组成特征模板，当人们用识别系统进行身份认证交互时，识别系统通过获取其特征与数据库中的特征模板进行比对，以确定二者是否匹配，从而决定接受或拒绝该人。

利用这些生物特征同样可以完成身份识别的两种方式———认证和识别。

认证：通过将一个人提供的生物特征和他所声明身份的特征进行比对，完成"一对一"的比较。这种方式速度快，可以获得不同精度级别的认证。

识别：通过采集一个人的生物特征，并与库中的身份特征逐一进行比较，从中确定待识别者的身份。这种方式由于是"一对多"的比较，实时性与数据库中的特征模板排序有关，平均搜索长度为数据库总类的一半，查找速度与库的大小有关。

生物特征识别技术近年来受到了各方面的关注，在维护国家安全、个人信息安全、航空安全、救援物资发放和医疗等方面，生物特征识别技术已经体现出了重要的作用。在航空领域，进入机场时通过生物特征识别技术，对机场员工进行身份鉴别，可提高航空安全级别；许多国家在其发放的护照中加入了生物信息；在一些高科技的电子产品中也嵌入了生物特征识别技术，如个人电脑、移动设备等，都嵌入指纹识别系统。生物特征识别技术将在取代各种证件等方面具有极大的应用市场，如基于指纹和虹膜的自动取款（无须提供ATM卡），人脸、虹膜和指纹等特定的生物特征可取代人们手中的钥匙等。

为了满足网络化社会的需求，逐步构建网络化的生物特征识别系统，将是未来生物特征识别技术的一种必然发展趋势，同时也具有广阔的市场前景。

本章小结

移动电子商务利用了很多新兴的设备和技术，因此带来了很多新的安全问题。在传统电子商务中，很多顾客和企业由于担心因安全问题蒙受损失而对这种高效、便捷的商务方式持观望态度。而移动电子商务除了需解决大部分传统电子商务所面临的各种安全问题外，由于自身的移动性所带来的一些相关特性又产生了大量的安全问题。总的来说，移动电子商务的安全面临着技术、管理和法律几个方面的挑战。与传统电子商务相比，其安全问题更加复杂，解决起来难度更大。

关键术语

移动电子商务安全、手机病毒、手机木马、安全技术。

配套实训

1. 移动电子商务目前面临的问题是什么？
2. 目前主要的手机病毒有哪些？简述其内容。
3. 搜集当前国内外企业中有关安全问题的相关材料，结合具体企业分析其特点。
4. 如何构建安全的移动电子商务环境系统？其组成方面包括哪些？

课后习题

一、选择题（每题至少有一个或一个以上答案）

1. 下面哪些属于移动电子商务交易安全问题？（　　）
   A. 数据泄露　　　　　　　　　　B. 登录系统安全问题
   C. 网上支付安全风险　　　　　　D. 网络诈骗

2. 手机病毒最基本的特点是(　　)。
   A. 传染性　　　　　　B. 潜伏性　　　　　C. 隐蔽性　　　　　D. 破坏性
3. 当前数量增长最快的手机病毒类型是(　　)。
   A. 恶意程序型病毒　　　　　　　　B. 木马型病毒
   C. 蠕虫型病毒　　　　　　　　　　D. 感染型病毒
4. 加密技术用于保证电子商务中数据的保密性、完整性、不可否认性和(　　)。
   A. 真实性　　　　　　　　　　　　B. 信息的稳定性
   C. 数据的可调控性　　　　　　　　D. 交易者身份的确定性
5. 移动电子商务中的加密算法一般采用(　　)。
   A. 非对称密钥加密　　　　　　　　B. 对称密钥加密
   C. 数字签名　　　　　　　　　　　D. 双向密钥控制
6. 身份认证的主要目的有验证消息发送者和接收者的真伪和(　　)。
   A. 验证消息的真实性　　　　　　　B. 验证消息的完整性
   C. 验证数据的稳定性　　　　　　　D. 验证数据的合理程度
7. 下列选项中，属于VPN技术优点的是(　　)。
   A. 信息的稳定性　　　　　　　　　B. 便捷的缩减性
   C. 复杂的管理　　　　　　　　　　D. 显著的成本效益
8. 假如一个电子邮件的内容被人改成完全相反的意思，这是破坏了(　　)。
   A. 数据的完整性　　B. 数据的可靠性　　C. 数据的及时性　　D. 数据的延迟性

二、填空题

1. 移动电子商务主要的安全威胁形态有_____、_____、_____等。
2. 人类生物特征通常具有_____、_____、_____、_____、_____等特点。
3. 移动电子商务的安全技术有_____、_____、_____、_____、_____。

三、简答题

1. 简述移动电子商务技术上面临的安全问题。
2. 利用生物特征识别技术可以完成哪两种身份识别方式？

课后习题参考答案

第九章 移动云计算与移动大数据

知识目标

(1)掌握移动云计算的概念、特征及模式。
(2)熟悉移动云计算架构及服务模型。
(3)理解移动云计算应用。
(4)了解大数据的发展趋势。
(5)了解移动大数据的应用。

素养目标

(1)了解大数据概念,具备大数据思维,熟悉大数据技术,做新时代大数据人才。
(2)关注云计算技术发展进程,树立科技报国的家国情怀与使命担当。

导入案例

2017年,贵州猫呗电子商务有限公司在遵义注册成立,主要依靠京东、淘宝等大平台店铺推进贵州特色农产品销售。2018年,由于看中了国家级新区贵安的大数据产业发展优势,猫呗电商团队通过招商引资入驻贵安数字经济产业园,依托大学城高校资源组建起20余人的研发运营团队,打造推出了自己的线上平台。

区别于"有什么卖什么"的传统销售模式,猫呗电商平台运用大数据技术对客户购买行为进行分析,有针对性地为货源对接以及产品营销提供数据支撑,相继推出赤水晒醋、花溪牛肉粉、平坝窖、酒酸汤鱼等100多个"一县一品"成功爆款案例,整体销售量快速提升。

互联网时代,数据就是企业的资本。为帮助本地农产品在激烈的市场竞争中脱颖而出,深谙大数据重要性的猫呗电商并不甘心于只做产品的"搬运工",反而创新思维利用企业数据分析优势在生产端发力,启动自有品牌的孵化培育。

乘着大数据发展的东风，落地贵安新区的猫呗电商成长迅速，连续3年保持着200%高速增长，2020年互联网销售额达到了4 500万元，2021年公司商品交易总额12 000万元。而今，顺应市场发展潮流，极具敏锐度的猫呗正瞄准当下潮流在直播带货、AI销售智能服务等方面发力，优化服务，推动平台会员量不断提升。

讨论：大数据时代的来临，使企业在业务运作过程中产生的数据量呈现出爆发式的增长，各行各业都面临着海量数据的分析和处理。日常生活中还有哪些与人们生活息息相关的案例是运用了大数据分析呢？

第一节 移动云计算概述

一、云计算的概念

云计算（Cloud Computing）又称"云"，是一种新兴的商业计算模型。它将计算任务分布在大量计算机构成的资源池上，使各种应用系统能够根据需要获取计算力、存储空间和各种软件服务，这种资源池被称为"云"。"云"是一些可以自我维护和管理的虚拟计算资源，通常为一些大型服务器集群，包括计算服务器、存储服务器、宽带资源等。云计算将所有的计算资源集中起来，并由软件实现自动管理，无须人工参与。这使得应用提供者能够更加专注于自己的业务，有利于创新和降低成本。

云计算是网格计算（Grid Computing）、分布式计算（Distributed Computing）、并行计算（Parallel Computing）、效用计算（Utility Computing）、网络存储（Network Storage Technologies）、虚拟化（Virtualization）、负载均衡（Load Balance）等传统计算机技术和网络技术发展融合的产物。它旨在通过网络把多个成本相对较低的计算实体整合成一个具有强大计算能力的完美系统，并借助软件即服务（Software-as-a-Service，SaaS）、平台即服务（Platform-as-a-Service，PaaS）、基础设施即服务（Infrastructure-as-a-Service，IaaS）、成功的项目群管理（Managing Successful Programme，MSP）等先进的商业模式把这强大的计算能力分布到终端用户手中。云计算的一个核心理念就是通过不断提高"云"的处理能力进而减少用户终端的处理负担，最终使用户终端简化成一个单纯的输入、输出设备，并能按需要享受"云"的强大计算处理能力。

二、云计算的基本原理

云计算的基本原理是使计算分布在大量的分布式计算机上，而非本地计算机或远程服务器中心，企业数据中心的运行将与互联网更加类似，如图9-1所示。

云计算在广泛应用的同时还有云存储作为其辅助。所谓云存储，就是以广域网为基础，跨域、跨路由来实现数据的无所不在，无须下载和安装即可直接运行，实现一种云计算架构。最简单的云计算技术在网络服务中已经随处可见，如搜索引擎、网络信箱等，使用者只要输入简单指令就能得到大量的信息。以云计算为代表的分布式网络信息处理技术正是为了解决互联网发展所带来的大量数据存储与处理需求，而在物联网规模发展后产生的数据量将会远远超过互联网的数据量，因此海量数据的存储与计算处理需要云计算技术的应用。规模化是云计算服务物联网的前提条件，实用技术是云计算服务物联网的实现条件。

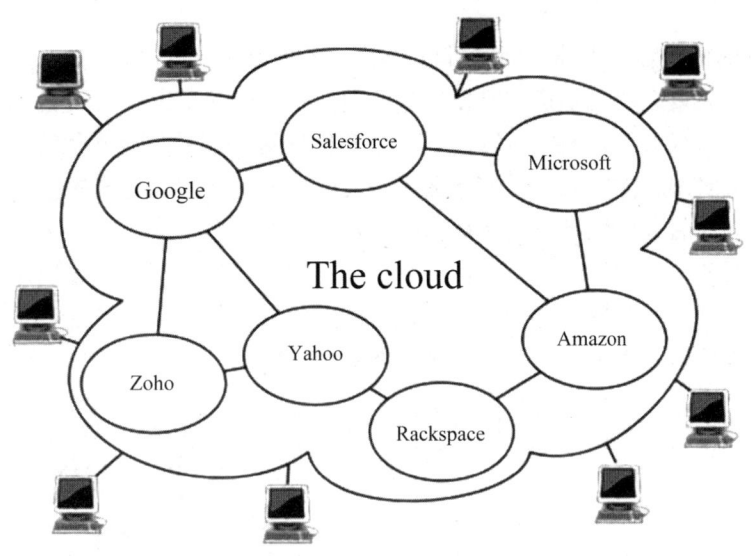

图 9-1　云计算基本原理分析

三、云计算的特点

1. 超大规模

"云"具有相当的规模，Google（谷歌）的云计算已经拥有 100 多万台服务器，Amazon（亚马逊）、IBM、微软、Yahoo（雅虎）等的"云"均拥有几十万台服务器。企业私有云一般拥有数百上千台服务器。"云"能赋予用户前所未有的计算能力。

2. 虚拟化

云计算支持用户在任意位置、使用各种终端获取应用服务。所请求的资源来自"云"，而不是固定的有形实体。应用在"云"中某处运行，但实际上用户无须了解，也不用担心应用运行的具体位置。只需要一台笔记本计算机或者一部手机，就可以通过网络服务来实现需要的一切，甚至包括超级计算这样的任务。

3. 高可靠性

"云"使用了数据多副本容错、计算节点同构可互换等措施来保障服务的高可靠性，使用云计算比使用本地计算机可靠。

4. 通用性

云计算不针对特定的应用，在"云"的支撑下可以构造出千变万化的应用，同一个"云"可以同时支撑不同的应用运行。

5. 高可扩展性

"云"的规模可以动态伸缩，以满足应用和用户规模增长的需要。

6. 按需服务

"云"是一个庞大的资源池,按需购买之后,"云"可以像自来水、电、煤气那样计费。

7. 极其廉价

由于"云"的特殊容错措施,因此可以采用极其廉价的节点来构成"云"。"云"的自动化集中式管理使大量企业无须负担日益高昂的数据中心管理成本,"云"的通用性使资源的利用率较之传统系统大幅提升,所以用户可以充分享受"云"的低成本优势,经常只要花费几百美元、几天时间就能完成以前需要数万美元、数月时间才能完成的任务。

总之,云计算服务应该具备的特征为:用户不知道数据来源;基于虚拟化技术快速部署资源或获得服务;实现动态的、可伸缩的扩展;按需求提供资源、按使用量付费;通过互联网提供,并能应对海量信息处理;用户可以方便地参与;形态灵活,聚散自如;减少用户终端的处理负担。图 9-2 为云计算的系统组成。

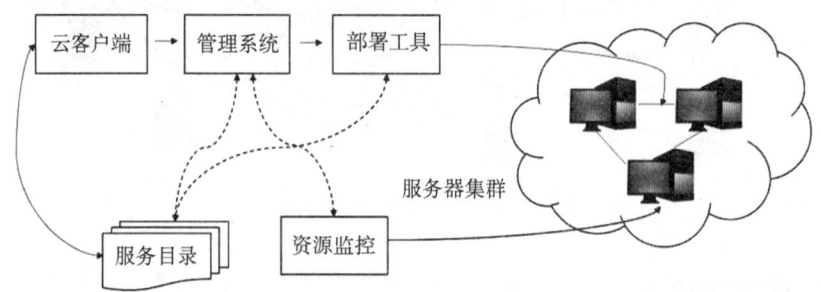

图 9-2 云计算的系统组成

第二节 移动云计算服务模型

云计算还处于发展阶段,有各类厂商在开发不同的云计算服务。云计算的表现形式多种多样,简单的云计算在人们日常网络应用中随处可见,如腾讯 QQ 空间提供的在线制作 Flash 图片、Google 的搜索服务(Google Docs、Google Apps)等。目前,云计算的主要服务形式有 SaaS、PaaS、IaaS。

1. 软件即服务

SaaS 服务提供商将应用软件统一部署在自己的服务器上,根据需求通过互联网向厂商订购应用软件服务,服务提供商根据客户所定软件的数量、时间的长短等因素收费,并且通过浏览器向客户提供软件的模式。这种服务模式的优势是:由服务提供商维护和管理软件、提供软件运行的硬件设施,用户只需拥有能够接入互联网的终端,即可随时随地使用软件。在这种模式下,客户不再像传统模式那样花费大量资金在硬件、软件、维护人员上,只需要支出一定的租赁服务费用,通过互联网就可以享受到相应的硬件、软件和维护服务,这是网络应用最具效益的运营模式。对于小型企业来说,SasS 是采用先进技术的最好途径。实际上云计算企业资源计划(ERP)正是继承了开源 ERP 免许可费用只收服务费用的最重要特征,是突出了服务的 ERP 产品。目前,Salesforce 是提供这类服务最有名的公司，Google Docs、Google Apps 和 Zoho Office 也属于这类服务。

2. 平台即服务

PaaS 把开发环境作为一种服务来提供。这是一种分布式平台服务，厂商提供开发环境、服务器平台、硬件资源等服务给客户，用户在其平台上定制开发自己的应用程序并通过其服务器和互联网传递给其他客户。PaaS 能够给企业或个人提供研发的平台，提供应用程序开发、数据库、应用服务器、试验、托管及应用服务。Google App Engine，Salesforce 的 Force.com 平台，八百客的 800App 都是 PaaS 的代表产品。以 Google App Engine 为例，它是一个由 Python 应用服务器群、Big Table 数据库及 GFS 组成的平台，为开发者提供一体化主机服务器及可自动升级的在线应用服务。用 PaaS 编写应用程序并在 Google 的基础架构上运行就可以为互联网用户提供服务，Google 则提供应用运行及维护所需要的平台资源。

3. 基础设施即服务

IaaS 即把厂商由多台服务器组成的"云端"基础设施，作为一种服务提供给客户。它将内存、I/O 设备、存储和计算能力整合成一个虚拟的资源池为整个业界提供所需要的存储资源和虚拟化服务器等服务。这是一种托管型硬件方式，用户付费使用厂商的硬件设施，如 Amazon Web Service 服务（AWS）、IBM 的 Blue Cloud 等均是将基础设施作为服务出租。

IaaS 的优点是用户只需具备低成本硬件即可按需租用相应计算能力和存储能力，从而大大降低了在硬件上的开销。图 9-3 所示为云计算系统服务层次结构。

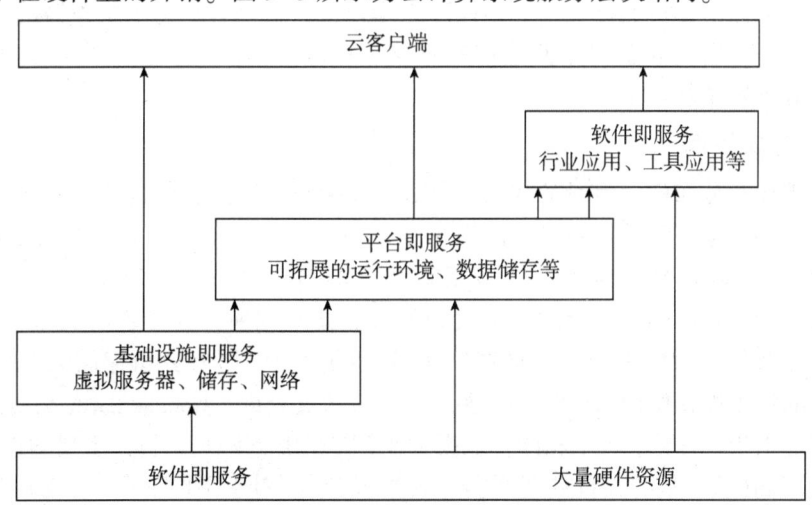

图 9-3 云计算系统服务层次结构

第三节 移动云计算应用

移动云计算系统运用了许多数据技术，其中以编程模型、数据存储技术、数据管理技术、虚拟化技术、平台管理技术、移动云计算最为关键。

一、云计算系统的数据技术

1. 编程模型

Map Reduce 是 Google 开发的 Java、Python、C++编程模型，它是一种简化的分布式编程模型和高效的任务调度模型，用于大规模数据集（大于 1TB）的并行运算。严格的编程模型使云计算环境下的编程十分简单。Map Reduce 模式的思想是将要执行的问题分解成 Map（映射）和 Reduce（化简）的方式，先通过 Map 程序将数据切割成不相关的区块，分配（调度）给大量计算机处理，达到分布式运算的效果，再通过 Reduce 程序将结果汇整输出。

2. 数据存储技术

云计算系统由大量服务器组成，同时为大量用户服务，因此云计算系统采用分布式存储的方式存储数据，用冗余存储的方式保证数据的可靠性。云计算系统中广泛使用的数据存储系统是 Google 的 GFS 和 Hadoop 团队开发的 HDFS。GFS 即 Google 文件系统（Google File System），是一个可扩展的分布式文件系统，可用于大型的、分布式的、对大量数据进行访问的应用。GFS 的设计思想不同于传统的文件系统，是针对大规模数据处理和 Google 应用特性而设计的。它运行于廉价的普通硬件上，但可以提供容错功能。它可以给大量的用户提供总体性能较高的服务。一个 GFS 集群由一个主服务器（Master）和大量的块服务器（Chunk Server）构成，并被许多客户（Client）访问。主服务器定期通过 Heart Beat 消息与每一个块服务器通信，给块服务器传递指令并收集它的状态。GFS 中的文件被切分为 64MB 的块并以冗余存储，每份数据在系统中保存 3 个以上备份。客户与主服务器的交换只限于对元数据的操作，所有数据方面的通信都直接和块服务器联系，这大大提高了系统的效率，防止主服务器负载过重。

3. 数据管理技术

云计算需要对分布的、海量的数据进行处理、分析，因此，数据管理技术必须能够高效地管理大量的数据。云计算系统中的数据管理技术主要是 Google 的 BT（Big Table）数据管理技术和 Hadoop 团队开发的开源数据管理模块 HBase。BT 是建立在 GFS、Scheduler Lock Service 和 Map Reduce 之上的一个大型的分布式数据库，与传统的关系数据库不同，它把所有数据都作为对象来处理，形成一个巨大的表格，用来分布存储大规模结构化数据。Google 的很多项目使用 BT 来存储数据，包括网页查询、Google Earth 和 Google 金融。这些应用程序对 BT 的要求各不相同：数据大小（从 URL 到网页，再到卫星图像）不同，反应速度也就不同（从后端的大批处理到实时数据服务）。对于不同的要求，BT 都成功地提供了灵活高效的服务。

4. 虚拟化技术

虚拟化是云计算最重要的核心技术之一，它为云计算服务，提供基础架构层面的支撑，是 ICT 服务快速走向云计算的最主要驱动力，可以说，没有虚拟化技术也就没有云计算服务的落地与成功。从技术上来讲，云计算通过虚拟化技术可实现软件应用与底层硬件相隔离，虚拟化技术包括将单个资源划分成多个虚拟资源的裂分模式，也包括将多个资源整合成一个虚拟资源的聚合模式。虚拟化技术根据对象可分成存储虚拟化、计算虚拟化、网络虚拟化等，计算虚拟化又分为系统级虚拟化、应用级虚拟化和桌面虚拟化。

5. 绿色节能技术

节能环保是全球整个时代的大主题。云计算也以低成本、高效率著称。云计算具有巨大的规模经济效益,在提高资源利用效率的同时,节省了大量能源。绿色节能技术已经成为云计算必不可少的技术,未来越来越多的节能技术还会被引入云计算中来。

6. 平台管理技术

云计算资源规模庞大,服务器数量众多并分布在不同的地点,同时运行着数百种应用。如何有效地管理这些服务器,保证整个系统提供不间断的服务是个巨大的挑战。云计算系统的平台管理技术能够使大量的服务器协同工作,方便地进行业务部署和开通,快速发现和恢复系统故障,通过自动化、智能化的手段实现大规模系统的可靠运营。图 9-4 为云计算关键技术的实现过程。

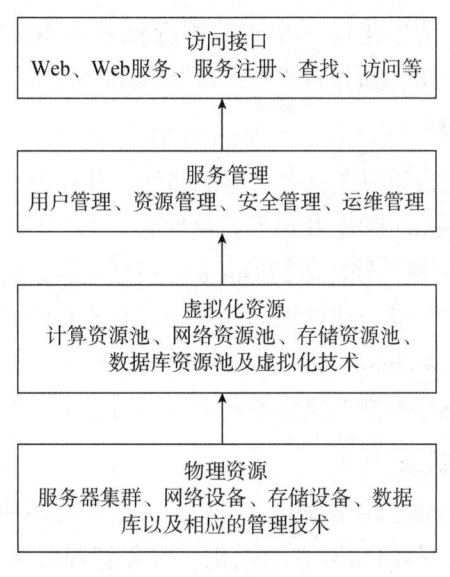

```
┌─────────────────────────────┐
│         访问接口              │
│ Web、Web服务、服务注册、查找、访问等 │
└─────────────────────────────┘
              ↑
┌─────────────────────────────┐
│         服务管理              │
│ 用户管理、资源管理、安全管理、运维管理 │
└─────────────────────────────┘
              ↑
┌─────────────────────────────┐
│        虚拟化资源             │
│ 计算资源池、网络资源池、存储资源池、│
│   数据库资源池及虚拟化技术        │
└─────────────────────────────┘
              ↑
┌─────────────────────────────┐
│         物理资源              │
│ 服务器集群、网络设备、存储设备、数据│
│    库以及相应的管理技术          │
└─────────────────────────────┘
```

图 9-4 云计算关键技术的实现过程

7. 移动云计算

移动互联网与云计算合在一起就是移动云计算,可以称为移动互联网中的云计算。移动云计算通常是指被广泛扩展以处理移动设备的云计算基础设施。服务过程中,被提供给用户的数据存储和计算应用资源都在云计算平台端而不是在移动设备本身。随着移动设备的发展越来越快,从智能手机、移动互联网设备、笔记本计算机,到智能笔记本和其他设备,都可以快速连接到笔记本计算机高速无线网络。企业级移动云计算服务领域将获得巨大的发展。

二、云计算的平台

目前,国外已经有多个云计算的科学研究项目,比较有名的是 Scientific Cloud 和 Open-Nebula 项目。科技界也在投入巨资部署各自的云计算系统,参与者主要有 Google、IBM、Microsoft、Amazon 等。众多的 IT 厂商先后推出了形形色色的云计算产品和服务。国内关于云计算的研究也已起步,并在计算机系统虚拟化基础理论与方法研究方面取得了阶段性成果。在此选取一些与云计算相关的服务提供商及其应用系统,如 Amazon、Google、IBM 等典型的云计算平台,进行介绍。

1. Amazon 云计算基础架构平台

Amazon 公司是美国一家电子商务网站,也是美国最大的在线零售商,被业界认为是云计算的先行者之一。典型的云计算系统是称为亚马逊弹性计算云的 Amazon EC2。这是一项能提供弹性计算能力的亚马逊网络服务(Amazon Web Services,AWS)。

2. Google 云计算应用平台

Google 使用的云计算基础架构模式主要包括四个相互独立又紧密结合在一起的系统,即建立在集群之上的文件系统(Google File System,GFS)、针对 Google 应用程序特点提出的 Map Reduce 编程模式、结构化的分布式数据存储系统 Big Table、Hadop 框架,以及 Google 其他的云计算支撑要素,如分布式的锁机制(Chubby)等。

3. Microsoft 云计算服务

Microsoft 的云计算服务为用户提供包括电子邮件、日程表、协作工具和通信软件在内的诸多工具。近年来,Microsoft 已经发布了完整地融入"云计算"的产品和策略,如 Azure 系列"云计算"服务,网络传递、轻巧版的 Office 应用软件及最新的 Live Mesh 中介软件等。同时,由公共云与私有云共同组合成的 Microsoft 云计算平台赋予用户更多根据自身需求选择应用部署的自由。而且,Microsoft 延续其操作系统的传统优势,经过与众多业内合作伙伴的共同努力,使其云计算平台在互操作性等方面取得了卓越的成果。

4. IBM 云计算的构建服务

IBM 云计算构建服务构建了用于公共云和私有云服务的多种云计算解决方案,IBM 云计算构建服务包括服务器、存储和网络虚拟化、服务管理解决方案,支持自动化数据管理、用量跟踪与计费,以及各种能够使最终用户信赖的安全和弹性产品。

5. 微软 Windows Azure 平台

Windows Azure 平台是一个为应用程序提供托管和运行的互联网规模的平台,该平台完全按照云计算的要求和技术构建,如资源按需动态分配,开发人员只需针对平台开发应用程序,而不用关心底层平台的安全、系统升级、补丁安装等具体情况。Windows Azure 平台包括云计算操作系统、云关系型数据库、云中间件及一些其他辅助服务。开发人员创建的应用既可以直接在该平台中运行,也可以在别的地方运行,只通过互联网使用该云计算提供的服务。

综上所述,云计算是基于互联网的商业计算模型,它利用高速互联网的传输能力,将数据的处理过程从个人计算机或服务器移到互联网上的服务器集群之中。这些服务器由一个大型的数据处理中心管理,数据中心按用户的需要分配计算资源,达到与超级计算机同样的效果。云计算是分布式计算、并行计算和网络计算的发展,或者说是这些计算机科学概念的商业实现。

第四节　移动大数据

一、大数据的内涵

企业为挖掘内部数据的潜在价值，需要建立自己的大数据应用系统架构。

研究机构 Gartner 对于大数据（Big Data）给出了这样的定义：需要新处理模式才能具有更强的决策力、洞察发现力和流程优化能力来适应海量、高增长率和多样化的信息资产。

大数据技术的战略意义不在于掌握庞大的数据信息，而在于对这些含有意义的数据进行专业化处理。换言之，如果把大数据比作一种产业，那么这种产业实现盈利的关键，在于提高对数据的"加工能力"，通过"加工"实现数据的"增值"。在维克托·迈尔-舍恩伯格和肯尼斯·库克耶著的《大数据时代》中，大数据指不用随机分析法（抽样调查）这样的捷径，而采用对所有数据进行分析处理。

从技术上看，大数据与云计算的关系就像一枚硬币的正反面一样。大数据必然无法用单台计算机进行处理，必须采用分布式架构。它的特色在于对海量数据进行分布式数据挖掘，但它必须依托云计算的分布式处理、分布式数据库和云存储、虚拟化技术。

随着云时代的来临，大数据也吸引了越来越多的关注。"著云台"的分析师团队认为，大数据通常用来形容一个公司创造的大量非结构化数据和半结构化数据，这些数据在下载到关系型数据库用于分析时会花费过多时间和金钱。大数据分析常和云计算联系到一起，因为实时的大型数据集分析需要像 Map Reduce 一样的框架来向数十、数百甚至数千的计算机分配工作。

大数据需要特殊的技术，以有效地处理大量的容忍经过时间内的数据。适用于大数据的技术，包括大规模并行处理数据库、数据挖掘电网、分布式文件系统、分布式数据库、云计算平台、互联网和可扩展的存储系统。

二、大数据的趋势

伴随着大数据技术与数据分析的发展趋势，拥有丰富数据的分析驱动型企业应运而生，接下来具体描述大数据技术与数据分析有哪些趋势和创新。

1. 数据驱动创新

如今，数据已成为企业竞争优势的基石。利用数据和复杂数据分析的企业将目光投向了"创新"，从而打造出高效的业务流程，助力自身战略决策，并在多个前沿领域超越其竞争对手。

2. 先进技术

富媒体（视频、音频和图像）数据分析需要先进的分析工具，这为企业提供了重大的市场机遇。以电商数据进行图像搜索为例，对图像搜索结果的分析要求是准确，且无须人工介入，这就需要强大的智能分析。未来，随着智能分析水平的不断提升，企业将获得更多机遇。

3. 预测分析

当前，具有预测功能的应用程序发展迅速。预测分析通过提高效率、评测应用程序本身、放大数据科学家的价值及维持动态适应性基础架构来提升整体价值。因此，预测分析功能正在成为分析工具的必要组成部分。

4. 混合部署

国际数据公司 IDC 预测，未来 5 年，在基于云计算的大数据解决方案上的花费将是本地部署解决方案费用的 4 倍之多，混合部署将必不可少。IDC 还表示，企业级元数据存储库将被用来关联云内数据和云外数据。企业应评估公共云服务商提供的产品，这有助于克服大数据管理方面的困难，具体需注意的方面如下：

（1）安全和隐私政策及法规影响部署选择。
（2）数据传输与整合要求混合云环境。
（3）为避免出现难以应付的数据量，需构建业务术语表并管理映射数据。
（4）构建云端元数据存储库。

5. 认知计算

认知计算是一种改变游戏规则的技术，利用自然语言处理和机器学习帮助实现自然人机交互，从而扩展人类知识。未来，采用认知计算技术的个性化应用可帮助消费者购买衣服、挑选商品，甚至创建新菜谱。IBM 最新的计算机系统 Watson 率先利用了认知计算。

6. 创造价值

越来越多的企业通过直接销售其数据或提供增值内容来获利。IDC 调查表明，目前 70% 的大公司已开始购买外部数据，未来这一数字将达到 100%。因此，企业必须了解其潜在客户重视的内容，必须精通包装数据和增值内容产品，并尝试开发"恰当"的数据组合，将内容分析与结构化数据结合起来，帮助需要数据分析服务的客户创造价值。

三、移动大数据应用

1. 国家的大数据战略

当前，数据已成为与土地、资本、劳动力同等重要的生产要素。发展好大数据产业，是发挥我国海量数据规模和丰富应用场景优势，激活数据要素潜能的时代要求，是加快经济发展变革，构建现代化产业体系的必然选择。

中共中央、国务院印发的《数字中国建设整体布局规划》，将数据要素放到一个更为宏大的"数字中国"图景中。该规划明确，数字中国建设按照"2522"的整体框架进行布局，即夯实数字基础设施和数据资源体系"两大基础"，推进数字技术与经济、政治、文化、社会、生态文明建设"五位一体"深度融合，强化数字技术创新体系和数字安全屏障"两大能力"，优化数字化发展国内国际"两个环境"。同时，该规划提出，到 2025 年，基本形成横向打通、纵向贯通、协调有力的一体化推进格局，数字中国建设取得重要进展。到 2035 年，数字化发展水平进入世界前列，数字中国建设取得重大成就。

2. 大数据的行业应用

目前，大数据已经在医疗信息、电子政务领域、金融行业、物流运输、智慧旅游、在线学习、电子商务等领域得到了广泛的应用，并取得了显著的效果。

(1)医疗信息。医疗信息大数据可以为医疗服务提供有效的支撑,实现智能诊断、病例挖掘、医保大数据服务等,提高医疗信息的智能化。例如,可以详细地分析某种疾病在每年各个月份的发生率,寻找最大发生率月份进行专项防治,降低疾病对人类造成的损害。

(2)电子政务领域。大数据可以实现政府信息资源的共享、整合和开放,提升政府服务水平和公共决策能力,构建智慧城市和数字政府。

(3)金融行业。大数据可以实现金融风险的识别、预测和防控,提升金融产品的创新和个性化,构建普惠金融和数字金融。

(4)物流运输。由于交通运输、仓储设施、货物包装、流通加工和搬运等环节对信息的交互和共享要求比较高,因此可以利用大数据技术优化配送路线、合理选择物流中心地址、优化仓库储位,从而大大降低物流成本,提高物流效率。同时,通过对物流数据的跟踪和分析,物流大数据应用可以根据情况为物流企业做出智能化的决策和建议。

(5)智慧旅游。大数据可以有效整合旅游资源,使旅游景点、酒店餐饮、交通出行等形成一条完整的产业链,为用户推荐最佳的旅游线路资源。在用户搜索旅游景点、选择酒店住宿、购买交通票务时为用户量身定制方案和推荐最佳方案。智慧旅游经过深入研究和应用,已经能够实现旅游资源的网上查询、发布、点评;数据挖掘技术可以发现旅游者对景点资源的偏好,发现旅游旺季、淡季的时间,以便制定完善的旅游体系,提高游客自主性、互动性、趣味性和积极性,给游客带来新的体验,提高旅游服务水平。

(6)在线学习。大数据可以为在线教育整合资源、集成和设计教育产品,包括在线教育平台、网校、App应用软件等,可以根据学习者的需求,利用大数据挖掘算法进行细分,将其划分为英语培训、出国留学培训、考研培训、中小学课外辅导、职业教育培训、公务员考试培训等。目前,随着在线教育市场的火爆,在线教育超越时空限制,为人们提供了便捷、灵活、经济的高质量服务,其中已经诞生了新东方网校、人人网在线学习以及各大企事业单位推出的网上大学等在线学习平台,并且能够进行网络模拟考试、断点续传等操作,为人们提供了极其方便的学习园地。

(7)电子商务。如今,随着淘宝网、天猫网、京东商城、国美商城、蘑菇街等电子商务网站的快速发展和进步,电子商务已经如雨后春笋般出现在人们的生活中。电子商务在积累了海量的用户消费数据资源之后,可根据用户的购买喜好为用户推荐商品,从而实现在提高消费者搜索的精准程度和商品搜索便捷性的同时,为商家制定营销策略,及时准确地获取最畅销的商品信息,提高供销比。

3. 数据挖掘的广泛推广

(1)应用现状。大数据时代,为了能够提高网络数据资源的利用率,需要设计高效的数据挖掘算法(大数据挖掘算法),从互联网中提取、组织和处理相关的数据信息,并且根据用户需求反馈搜索结构,以便满足人们利用大数据资源进行医疗诊断、文档分类、语音识别、视频搜索等需求。大数据挖掘技术可以有效地从网络海量数据资源中提取有价值的信息,实现信息资源分类管理,为人们的决策提供有效帮助。

目前,数据挖掘已经在多个领域得到了广泛的应用,并且引起了许多学者的研究。大数据挖掘常用的技术包括支持向量机、神经网络、遗传算法、专家系统等。

①支持向量机。支持向量机（Support Vector Machine，SVM）技术是基于统计学习理论，采用结构风险最小化原理的技术，可以解决非线性、小样本、高维空间的大数据挖掘问题，以便能够利用有限的样本发现数据中隐藏的有价值信息，为人们提供良好的大数据挖掘结果。支持向量机与其他算法相结合，已逐渐被应用到火炮控制、雷达扫描、地质勘探等非线性大数据挖掘的复杂场景。

②神经网络。神经网络可以对训练数据进行自组织、自适应的学习过程，并且能够学习到最具典型特征的样本和区分数据能力，以便能够得到不同价值的数据信息。神经网络的分布式存储、并行处理和容错能力，都可以通过训练学习时调整不同的神经网络参数权值进行，具有较强的外界环境适应变化能力，同时具备非常强的抗干扰能力。神经网络的不足之处在于很难获得样本数据，并且学习精度也需要依赖于神经网络训练次数，如果加入了新的数据特征，需要重新训练网络，训练步骤较为复杂，耗费时间较长。神经网络已经在医学图像处理、机器人、工业控制等大数据挖掘领域得到了广泛的应用。

③遗传算法。遗传算法是一种非常有效的模拟生物进化的大数据挖掘算法，该算法可以针对一串描述字符的位串进行操作，不同位串在实际的应用环境中代表不同的问题。遗传算法可以从若干个初始的种群开始搜索，根据当前的种群成员，模仿生物的遗传进化过程，选择基因优良的下一代作为进化的目标。目前，遗传算法已经在很多领域得到了广泛的应用，如在自动组卷、基因序列预测、数据库连接优化等。

④专家系统。专家系统是最为常见的一种大数据挖掘技术，依赖网络中产生的专家经验知识为基础，构建一个核心的知识库和推理机，以知识库和推理机为中心，构建一个能够进行规则识别、分析的系统，并且可以通过规则匹配进行模式识别。专家系统已经在经营管理、金融管理、决策分析等领域得到了广泛应用，并且逐渐引入了马尔科夫链、贝叶斯理论、概率论、模糊数学等统计分析知识，以确保专家系统量化识别功能，不再仅仅依靠经验知识推论。

（2）发展趋势。随着大数据的应用和发展，数据量将会更大，数据结构也会更加复杂，因此数据挖掘技术未来的发展趋势主要包括以下两个关键方面：

①提高数据挖掘准确度。由于大数据资源具有动态性、分布性等特性，大数据在应用过程中也变得日趋复杂，为了提高电子商品推荐精确度、智慧旅游线路推荐的合理性等，需要提高大数据挖掘的准确度。提高精确度的方法包括引入自适应、模拟退火、粒子计算等理论。

②改善数据挖掘的时间复杂度。大数据挖掘过程中，由于用户的时效性要求较高，为了提高用户的感知度，需要改善数据挖掘算法的时间复杂度，以便能够更加迅速地挖掘数据中潜在的信息，为用户的在线学习、医疗诊断等提供决策支撑。

大数据已经在现代信息社会得到了广泛的应用，为人们提供医疗、购物、旅游和学习等决策支持，提供更加完善的、丰富的信息服务。数据挖掘技术可以有效提高数据检索效率，提高数据的微观和宏观分析能力，对实现智能推理指导人们的实际生活具有重要的作用。

4. 移动大数据推动创新

移动网络的大数据格局可能比其他行业更为复杂，不仅是因为存在种类繁多的数据种类,如各种业务和支撑系统数据、设备日志、流量数据、音视频文件、物联网传感器数据等,而且半结构化或非结构化的数据比例远超过结构化数据,因此无论在数据的产生和存储环节,还是在清洗转换集成环节,抑或是在分析应用环节,很少会有单一普适的解决方案可以满足所有应用场景的需求。

因此运营商应对大数据挑战的根本方法,还是应从业务实际需求出发,剖析各相关数据源的特性及其联系,为目标应用场景找到合适的数据分析逻辑。例如,爱立信公司在重庆等地定制实施的精确营销系统,在动态分析用户设备、上网行为、人口特征等多维度、多形态数据的基础上,动态描绘出精细化的用户群组,帮助运营商快速精准地进行流量经营和客户服务,极大地提升了用户体验和品牌感知。

本章小结

大数据给各个领域带来了翻天覆地的变化,如今云计算、移动互联、智能手机的快速发展让数据处理技术飞速增长,智能手机的普遍使用,创造了新的数据流。对海量数据进行挖掘、分析发现适合企业发展的商业模式是现代企业所要面临的问题。移动设备的发展使用户能够主动提供数据,这种个性化、准确地收集用户自动暴露的数据信息的方式为企业制定决策提供了依据。企业可以追踪顾客使用手机买了什么东西,分散化收集信息,量体裁衣制定新的营销战略,根据顾客使用的情况来做出反应。在移动电子商务环境成熟的今天,消费者的行为已经发生了巨大变化,并且还会继续发生变化,企业也要进行必要的调整以适应这种变化。未来,在大数据爆发的时代中,移动电子商务会蓬勃发展,逐步深化其信息收集情景化、去中心化以及协同商务的特点。

关键术语

云计算、移动云计算、移动云计算架构、移动云计算应用、移动大数据。

配套实训

1. 云计算与大数据的关系是什么?
2. 目前主流的云计算和大数据供应商有哪些?简述其云服务的内容。
3. 搜集当前国内外企业中有关 SaaS、PaaS、IaaS 的相关材料,并结合各个企业的特点分析其优势。
4. 搜集以云计算为基础而开展的网络营销活动的相关资料,体会云计算在网络营销中的作用。

课后习题

一、单项选择题

1. 云计算在广泛应用的同时还有(　　)作为其辅助。
   A. 云服务器　　B. 云储存　　C. 云空间　　D. 云主机

2. 云计算服务物联网的实现条件是(　　)。
   A. 实用技术　　B. 搜索引擎　　C. 规模化　　D. 虚拟化

3. 云计算的主要服务形式有(　　)。
   A. SaaS　　B. PaaS　　C. IaaS　　D. 以上都对

4. 下列哪项不属于"云存储"？(　　)
   A. 百度网盘　　　　　　　　　　B. 360 网盘
   C. 通过 QQ 进行的离线文件传输　　D. U 盘

5. (　　)构建了用于公共云和私有云服务的多种云计算解决方案。
   A. Amazon 云计算基础架构平台　　B. Google 云计算应用平台
   C. IBM 云计算构建服务　　　　　D. Microsoft 云计算服务

6. (　　)已经在医学图像处理、机器人、工业控制等大数据挖掘领域得到了广泛的应用。
   A. 支持向量机　　B. 神经网络　　C. 遗传算法　　D. 专家系统

二、填空题

1. 云计算是_____等传统计算机技术和网络技术发展融合的产物。
2. 云计算的特点有_____。
3. _____模式的思想是将要执行的问题分解成 Map(映射)和 Reduce(化简)的方式。
4. 目前，遗传算法已经在_____、_____、_____等领域广泛运用。
5. 大数据技术与数据分析的趋势和创新有_____、_____、_____、_____、_____。

三、简答题

1. 云计算服务应该具备哪些特征？
2. 什么是云计算？
3. 数据挖掘技术未来的发展趋势是什么？

课后习题参考答案

第十章　跨境移动电子商务

知识目标

(1) 掌握跨境移动电子商务跨境监管内容。
(2) 建立初步的跨境移动电子商务经营理念。
(3) 熟悉跨境移动电子商务平台开店的流程。
(4) 熟悉跨境移动电子商务审核认证流程。
(5) 了解跨境移动电子商务的发展历程及现状、概念及特征。

素养目标

结合中国跨境电商"走红"国外市场、中国跨境电商平台在全球消费市场扮演起越来越重要的角色等现象，认识到移动跨境电子商务企业在培育全球经济发展新动力、体现全球责任与担当方面的重要作用。

导入案例

近年来，跨境移动电子商务以开放、多维、立体的多边经贸合作模式拓宽了企业进入国际市场的路径，有效降低了产品价格，使消费者拥有更大的选择自由，不再受地域限制。此外，与之相关联的物流配送、电子支付、电子认证、IT服务、网络营销等都属于现代服务业内容，这些得天独厚的条件，都大大促进了跨境移动电子商务的高速发展。其中一些跨境移动电子商务平台展现出了自己的特色，在跨境移动电子商务的洪流中脱颖而出。

阿里巴巴平台有三个跨境网购业务———淘宝全球购、天猫国际和一淘网。淘宝全球购的商户主要是一些中小代购商。天猫国际则引进140多家海外店铺和数千个海外品牌，全部商品海外直邮，并且提供本地退换货服务。一淘网则推出海淘代购业务，通过整合国际物流和支付链，为国内消费者提供一站式海淘服务。阿里巴巴在进口购物方面采取海外直邮、集货直邮、保税三种模式。

亚马逊中国推出海外购·闪购模式，依托保税区和自贸区的创新模式，主打自营进口爆款，这也是亚马逊在华跨境移动电子商务战略从1.0时代跨入2.0时代的开端。亚马逊推出三项升级举措，即"一号通""一车载"和"一卡刷"，以实现与本地网购无差别的海外购物体验，包括各种方便的本地化支付方式，本地客户服务以及本地退货政策。亚马逊中国的海外购包括三种模式：直邮、直采和闪购。

京东全球购采用自营和第三方卖家合作两种模式，提供定制化的配套服务。其中，自营模式是京东自主采购，由保税区内专业服务商提供支持；第三方卖家合作模式则是通过跨境移动电子商务模式引入海外品牌商品，销售的主体直接就是海外的公司。

讨论： 跨境移动电子商务已经成为国内电商行业的新爆发点。日常生活中，还有哪些常用的跨境移动电子商务平台？它们各自有什么特点？

第一节　跨境移动电子商务概述

一、我国跨境移动电子商务的发展历程及现状

跨境移动电子商务是指分属不同关境的交易主体，通过电子商务平台达成交易、进行支付结算，并通过跨境物流送达商品、完成交易的一种国际贸易方式。跨境移动电子商务分为跨境移动电子商务进口与跨境移动电子商务出口。自1997年我国第一个跨境移动电子商务平台———阿里巴巴国际站诞生之后，我国跨境移动电子商务经过20多年的高速发展，经历了四个阶段，各个阶段的典型特点及代表企业如表10-1所示。

表10-1　我国跨境移动电子商务发展的各个阶段典型特点及代表企业

阶段	时间	典型特点	代表企业
第一阶段（萌芽期）	1997—2007年	跨境移动电子商务开始萌芽 跨境移动电子商务B2B信息平台出现	阿里巴巴（国际站）、中国制造网等
第二阶段（发展期）	2008—2013年	跨境移动电子商务稳定发展 跨境移动电子商务零售出口起步 跨境移动电子商务B2B信息平台成长	DX、兰亭集序、阿里全球速卖通等
第三阶段（爆发期）	2014—2017年	跨境移动电子商务零售进口起步 跨境移动电子商务零售出口持续发展 跨境移动电子商务B2B由信息平台转型为交易平台	天猫国际、网易考拉、聚美优品、洋码头、小红书等
第四阶段（成熟期）	2018年至今	《电子商务法》正式颁布、实施 政府政策密集出台：跨境电商综合试验区、综合保税区等不断增加 新冠疫情催生了商业行为的演变，带来了电商产业整体效率的提升	亚马逊、Ebay、Wish、TikTok

第十章 跨境移动电子商务

根据网经社数据，2022年中国跨境电商行业交易规模15.7万亿元，较2021年的14.2万亿元同比增长10.56%，如图10-1所示。2018—2022年市场规模（增速）分别为9.0万亿元（11.66%）、10.5万亿元（16.66%）、12.5万亿元（19.04%）、14.2万亿元（13.6%）、15.7万亿元（10.6%）。2022年中国跨境电商交易额占我国货物贸易进出口总值42.07万亿元的37.32%。2018—2021年跨境电商行业渗透率分别为29.5%、33.29%、38.86%、36.32%。

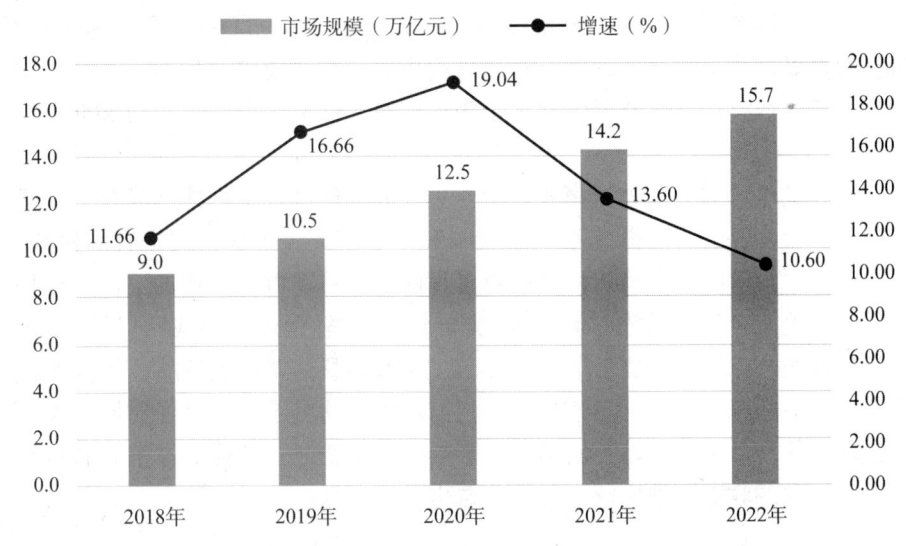

图 10-1　2018—2022 年中国跨境移动电子商务市场交易规模

我国跨境电商海外仓数量超过1 500个，总面积超过1 900万平方米。2023年上半年，跨境电商进出口1.1万亿元，增长16%。其中，出口8 210亿元，增长19.9%；进口2 760亿元，增长5.7%。根据2023年5月底全国跨境电商综试区现场会上商务部公开的数据，我国全国跨境电商主体已超10万家，建设独立站超20万个，综试区内跨境电商产业园约690个。我国跨境电商贸易伙伴遍布全球，与29个国家签署双边电子商务合作备忘录。

商务部数据显示，2023年，中国跨境电商进出口2.38万亿元，同比增长15.6%。其中，出口1.83万亿元，同比增长19.6%。根据中国海关的统计数据来看，2018—2023年上半年跨境电商进出口总额（见表10-2）总体呈现稳步上升的态势，尤其是出口额的同比一直保持正增长。

表 10-2　2018—2023 年上半年跨境电商进出口总体情况

年份	金额/亿元 进出口	出口	进口	同比/% 进出口	出口	进口	出口进口比例/%
2018 年	10 557	6 116	4 441	—	—	—	1.4
2019 年	12 903	7 981	4 922	22.2	30.5	10.8	1.6
2020 年	16 220	10 850	5 370	25.7	39.2	9.1	2.0
2021 年	19 237	13 918	5 319	18.6	28.3	-0.9	2.6
2022 年	20 599	15 321	5 278	7.1	10.1	-0.8	2.9
2023 年上半年	11 025	8 254	2 771	16.6	20.6	6.2	3.0

从出口目的地看，2023年上半年，美国占我国跨境电商出口总额的35.1%，英国、德国、法国分别占9.2%、6.1%、4.5%，此外还有越南、马来西亚、巴西等新兴市场。从进口来源地看，日本占我国跨境电商进口总额的21.9%，美国、澳大利亚、法国分别占17.4%、9.4%、8.2%，来自德国、韩国、意大利等贸易伙伴的货物，也通过跨境电商进入中国市场。9成以上的跨境电商货物为消费品。其中，出口占95.9%。主要为服饰鞋包、家居家纺、手机等电子产品、家用办公电器等。进口占95.3%。主要为美妆及洗护、食品生鲜、医药及医疗器械、奶粉等。跨境电商出口货物主要来自广东、浙江、福建及江苏，合计占比近八成。进口货物的消费地集中在广东、江苏、浙江、上海和北京，合计占比超四成。

中国跨境移动电子商务从物流模式来看，主要分为保税备货模式和海外直邮模式，其中海外直邮模式根据是否集货分为小包裹直邮和集货模式。集货模式是直邮模式的升级，差异在于是否集中订单统一发货。保税备货是目前跨境移动电子商务的主流商业模式。此外，近两年开始流行全托管模式，也称作"类自营模式/轻量运营模式"，即平台负责店铺运营、仓储、配送、退换货、售后服务等环节，商家则只需要提供供品、备货入仓。

随着全球互联网基础设施的迅速发展，当前跨境移动电子商务已经对国际贸易运作方式、贸易链环节等产生了革命性、实质性的影响。中小企业直接与全球消费者进行互动和交易，全球化红利的收益更加广泛，各方收益也更加均衡。

二、跨境移动电子商务的概念及特征

随着移动互联网的发展、消费者移动购物习惯的养成以及"一带一路"建设的确定，"走出去、引进来"已成大势。各大电子商务巨头、传统零售企业，甚至快递企业，都纷纷布局跨境移动电子商务业务，跨境移动电子商务进入高速发展阶段。

跨境移动电子商务不仅是工具上的变革，更是思维上的变革、模式上的变革，它作为PC电子商务的延伸，将会颠覆、重构整个产业的格局。过去要达到5 000万的客户群，广播电台用了38年，电视用了13年，而互联网只用了5年，Facebook只用了2年，可见移动端口以更快的速度达到了这个量级。这个时代赋予跨境移动电子商务平台更多的机会与挑战，同时也给从事跨境移动电子商务行业务的人们以新的理念和方向。

跨境移动电子商务是利用移动互联网开展跨境移动电子商务的国际贸易新模式，因此跨境移动电子商务兼具移动互联网和跨境移动电子商务的特点，具体体现在以下三个方面：

1. 交易的便捷性

跨境移动电子商务充分利用了移动设备的便捷性，使跨境贸易可以随时随地进行，同时这种跨境贸易进一步突破传统国际贸易中地理因素的限制，使国际贸易进一步实现全球化，这对很多发展中国家具有非常重要的意义。

2. 贸易的实时性

固定网络的出现加速了国际贸易的发展，方便了贸易双方的交流，减少了时滞产生的消极影响。而随着移动互联网的普及，买卖双方更可随时随地进行交流，这不仅减轻了信息不对称对贸易的干扰，也使真正的实时性交流得以实现。

3. 业务的个性化

移动设备与互联网的结合，使得个性化的国际贸易成为可能。传统的国际贸易中，A 国的生产商将产品卖给 A 国出口商，出口商再将商品卖给 B 国进口商，进口商再转卖给 B 国的批发商和零售商，最后才到达 B 国消费者的手中。而在跨境移动电子商务的模式下，A 国的生产商通过跨境移动电子商务直接将商品卖给 B 国消费者，这将大大减少国际贸易的中间环节，降低交易成本；同时，这种贸易模式更加关注消费者的个人需求，针对不同的消费者设计不同的销售策略，能够实现服务的个性化与多元化。

第二节　跨境移动电子商务平台

随着跨境移动电子商务的发展，国内外跨境移动电子商务平台不断涌现，国外比较知名的跨境移动电子商务平台有 Amazon、eBay、Wish 等，国内有阿里全球速卖通、小红书、网易考拉海购、宝贝格子、洋码头、达令全球好货等。本节以 Wish 和小红书平台为例对跨境移动电子商务平台进行介绍。

一、Wish 平台开店

在面向出口的跨境移动电子商务平台 App 里，Wish 已是行业中广为人知的移动端应用，它无疑是面向出口的跨境移动电子商务移动端的佼佼者。Wish 移动端的优势在于，以技术为导向，实行"千人千面的智能推送"的运营策略。Wish 致力于带给消费者优质产品的同时，还提供一种轻松有趣的购物体验，从其口号"Shopping Made Fun"中便可看见 Wish 的这种自我定位。

以下是在 Wish 商户平台的开店操作步骤。要想在 Wish 平台上销售产品，第一步是在其平台上拥有一个店铺和账号。

第一步：进入 Wish 商户平台登录界面，并单击"立即开店"按钮，如图 10-2 所示。

图 10-2　Wish 商户平台登录界面

第二步：进入"开始创建您的 Wish 店铺"界面，设置用户名，如图 10-3 所示。

图 10-3　创建 Wish 店铺界面

在输入信息时，注意以下事项：
(1) 选择习惯使用的语言，中文、英文、德语或者俄语，选择按钮在页面的右上角。
(2) 输入常用的邮箱开始注册流程，该邮箱就是未来登录账户的用户名。
(3) 输入登录密码，为确保账户安全，密码必须不少于 8 个字符，并且包含字母、数字和符号，且输入两次登录密码。
(4) 输入手机号码以及图像验证码，单击"发送验证码"按钮手机会收到一条验证码短信。
(5) 输入手机收到的验证码时，应注意切换到大写状态，否则会提示验证码有误。完成以上所有步骤之后，单击"创建店铺"按钮。

第三步：签署"Wish 与商户协议"，如图 10-4 所示。

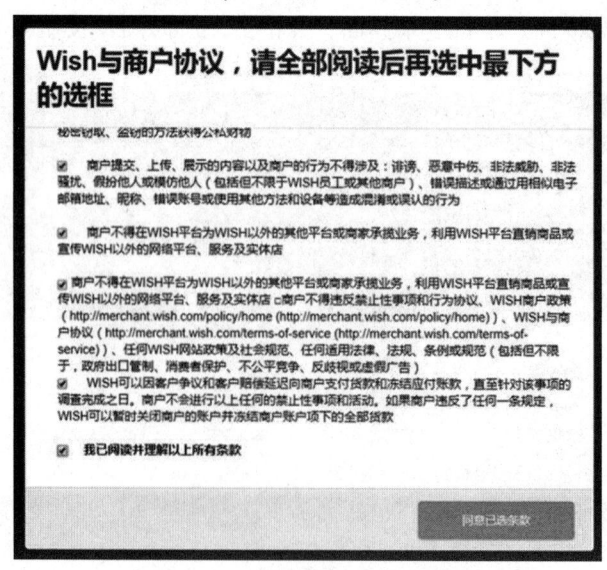

图 10-4　"Wish 与商户协议"的界面

第四步：单击"立即查收邮件"按钮，打开邮箱，如图10-5所示。

图10-5 "立即查收邮件"的界面

第五步：进入邮箱，点击链接验证邮箱，完成验证，如图10-6所示。

图10-6 邮箱链接验证界面

第六步：进入"告诉我们您的更多信息"界面，填写账号信息，如图10-7所示。
此时输入信息时需注意的事项如下：
(1)输入店铺名称，请确认店铺名称不能含有"Wish"字样，店铺名称一旦确定，将无法更改。
(2)输入姓氏和名字。
(3)输入办公地址，必须精确到××室。
(4)输入邮箱。
单击"下一页"按钮，继续注册流程。

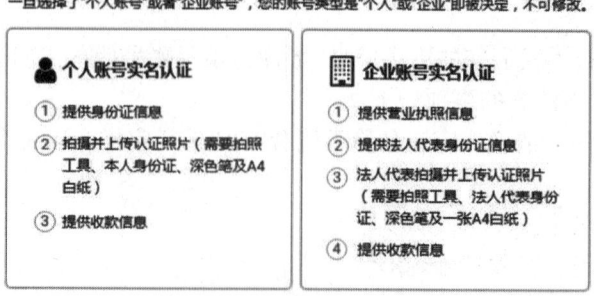

图 10-7 "告诉我们您的更多信息"界面

第七步：进入"实名认证"界面，如图 10-8 所示。

图 10-8 "实名认证"界面

第八步：输入个人信息或企业信息进行实名验证。

若是注册个人账户，则应填写以下信息：

(1)输入店主身份证号码，并单击"开始认证"按钮，如图 10-9 所示。

图 10-9　Wish 个人账户实名验证界面(一)

(2)上传本人手持身份证原件的照片。本人面部及身份证信息应清晰。要求照片清晰完整无后期处理，大小控制在 3MB 以内，并且不接受临时和过期的身份证，验证界面如图 10-10 所示。

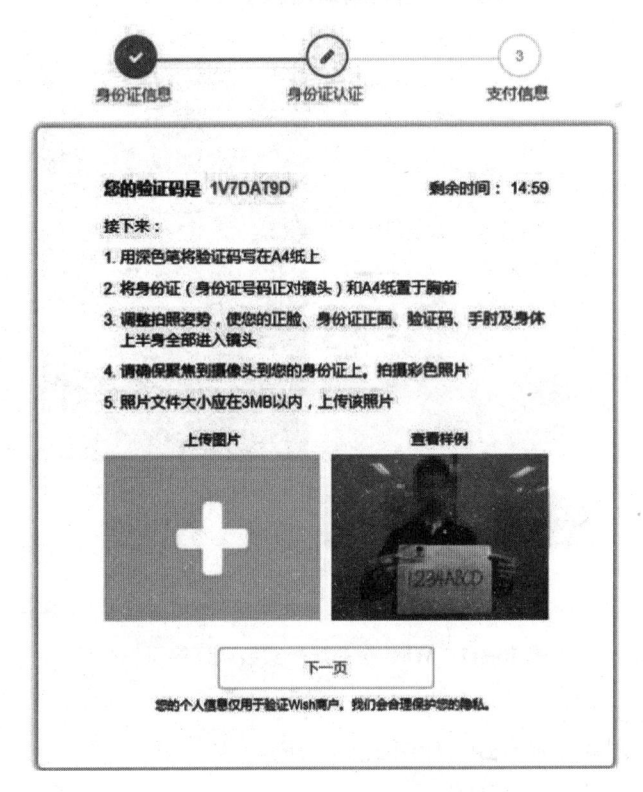

图 10-10　Wish 个人账户实名验证界面(二)

（3）单击"下一页"按钮，提交所输入的个人信息完成个人账户验证。如果要注册企业账户，则应填写以下信息：

①输入公司名称。

②输入统一社会信用代码。

③上传公司营业执照的彩色照片，要求照片清晰完整无后期处理。验证界面如图10-11所示。

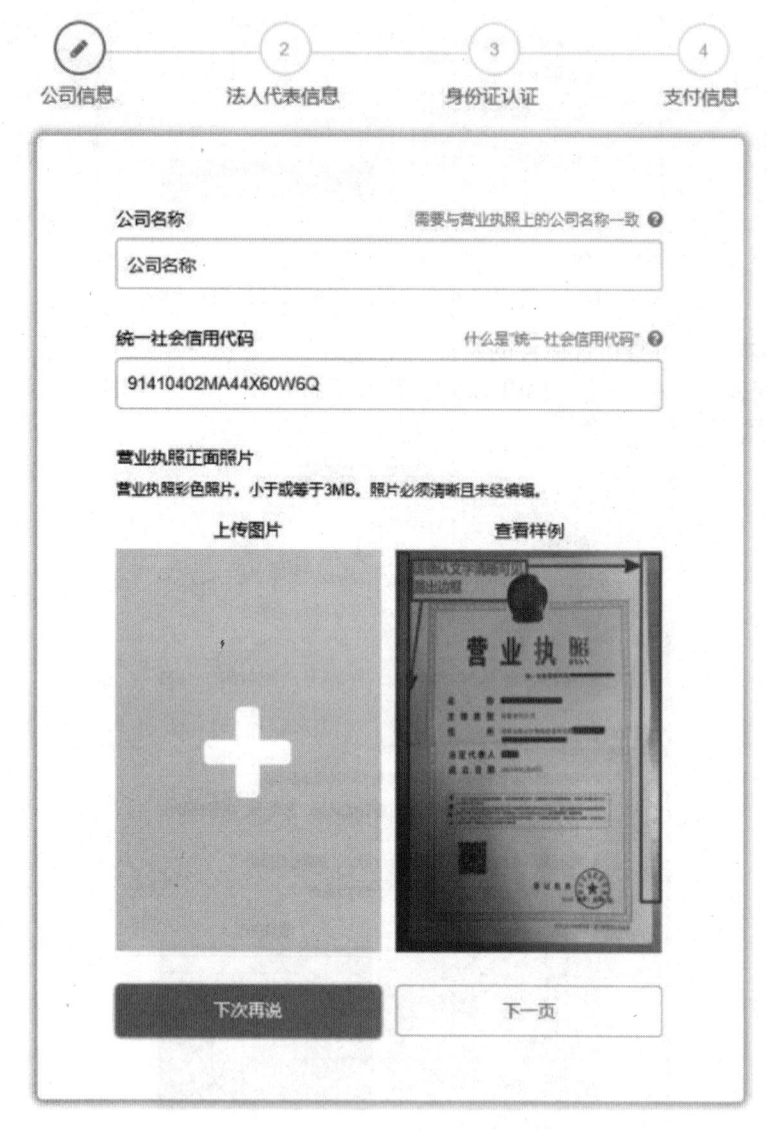

图10-11　Wish企业账号实名认证界面（一）

④输入法人代表姓名。

⑤输入法人代表身份证号码，如图10-12所示。

图 10-12 Wish 企业账号实名认证界面(二)

⑥上传法人代表手持身份证原件以办公场所为背景拍摄的彩色照片。要求法人代表面部和身份证信息清晰，且照片清晰完整无后期处理，认证界面如图 10-13 所示。

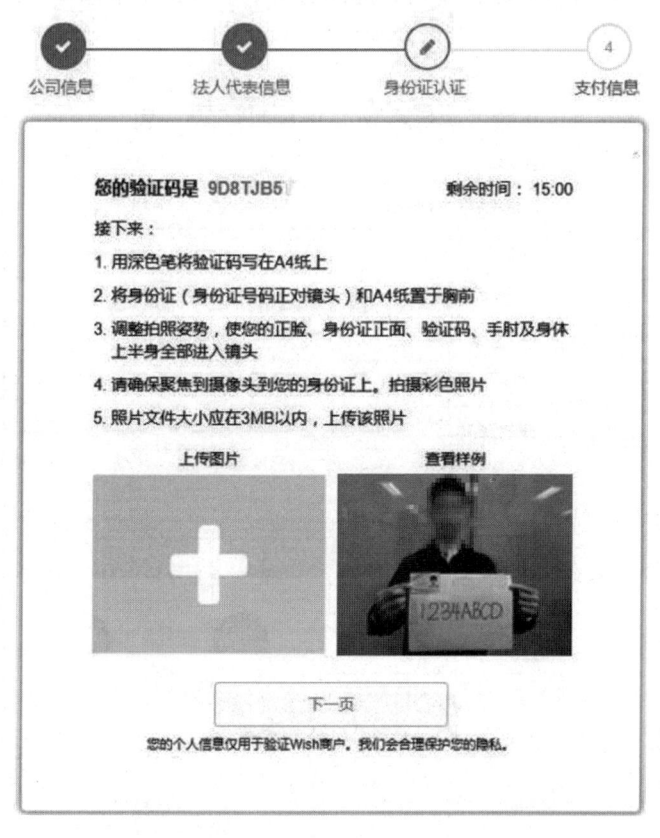

图 10-13 Wish 企业账号实名认证界面(三)

⑦单击"下一页"按钮提交所有输入的信息,完成企业账号实名验证。

第九步:实名验证后将会出现"支付信息"设置界面,如图10-14所示。

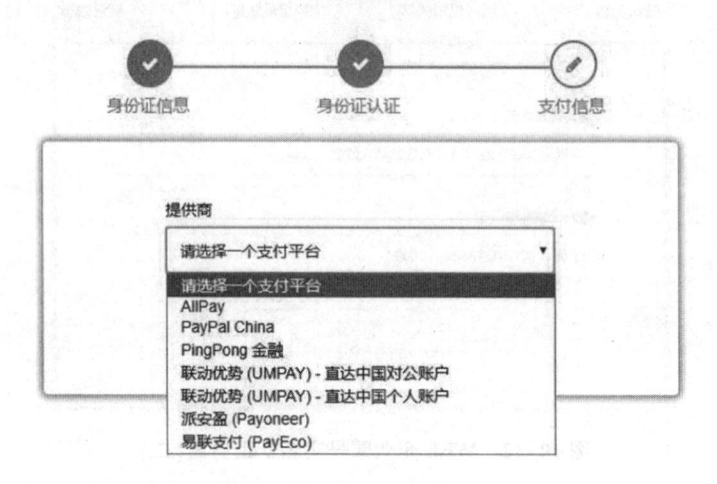

图10-14 "支付信息"设置界面

若希望使用易联(PayEco)收款,则选择"易联支付(PayEco)"后将出现如图10-15所示的界面。当填写开户行名称时,输入关键词后可从下拉菜单里选择正确的银行。

图10-15 易联支付方式设置界面

第十步：单击"开通您的店铺"按钮，则开店注册流程已全部完成，此时会出现如图 10-16 所示的等待 Wish 审核界面。

图 10-16　等待 Wish 审核界面

在审核过后，即可在店铺里添加产品，接下来介绍在店铺里添加产品的全部过程。首先单击"开始"按钮跳转到产品信息添加界面，如图 10-17 所示。

图 10-17　产品信息添加界面（一）

（1）在"Product Name"文本框中用英语输入产品名称，例如"Mens Dress Casual Shirt Navy"。

（2）在"Description"文本框中用英文输入产品描述，例如"This dress shirt is 100% cotton and fits true to size."。

（3）在"Tags"文本框中用英语输入产品标签，最多可输入 10 个标签，例如"Shirt Mens Fashion"和"Navy"等。

（4）在"Unique ID"文本框中输入产品的唯一身份信息。每个 Unique ID 在每个店铺中都是唯一的，该编号不可更改，且为识别产品的唯一标志，如"HSC0424PP"。

（5）上传产品的主图，同时认真阅读"严禁在 Wish 上出售伪造产品"和"品牌大学"的资料。

（6）如果希望添加附图，请添加到"额外图片"处。每个产品最多可上传 10 张附图。

(7) 在"Price"文本框中添加产品价格，单位为美元。该价格将会在其平台上显示。

(8) 在"Quantity"文本框中添加产品库存，添加时请确保库存信息真实有效。

(9) 在"Shipping"文本框中添加产品的运费，单位为美元，这将是用户购买时为每一个产品支付的运费。

(10) 在"Shipping Time"一栏填写最符合产品的物流配送时间。此栏可以在选项内进行选择，也可手动输入物流时间的最小值与最大值，如图10-18所示。

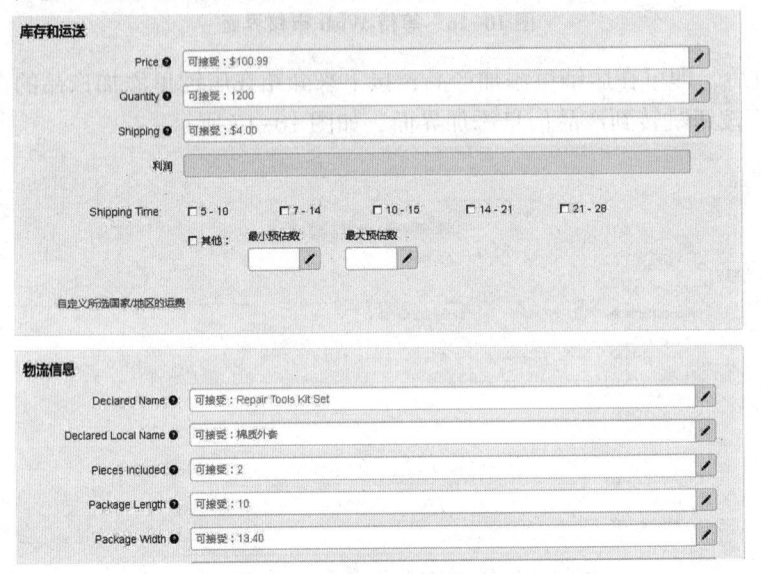

图10-18 添加产品信息界面(二)

(11) 在"颜色"选项组中选择产品的不同颜色属性。如果产品的颜色不在选项范围内，可在"其他"菜单里用英语手动填入产品的颜色，如图10-19所示。

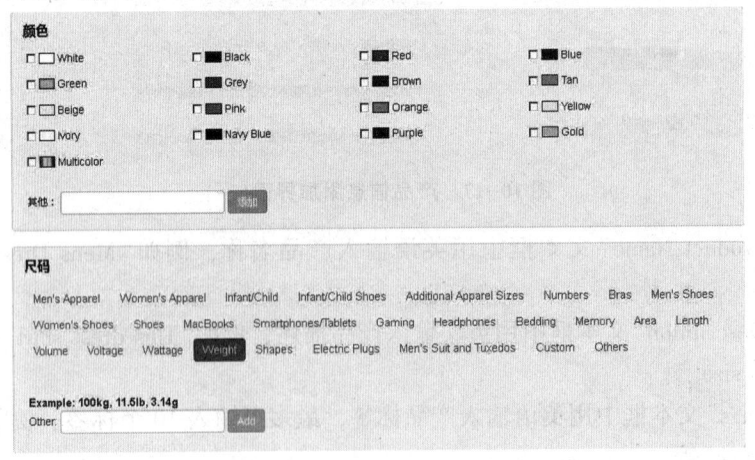

图10-19 添加产品信息界面(三)

(12) 在"尺码"选项组中选择产品的尺寸表和相关尺寸属性。

(13) 填写每个子产品的编码、价格以及库存。

(14) 完成所有产品信息的填写后，单击"提交"按钮。

最后，认真阅读商户协议。单击"开始"按钮，出现"Wish与商户协议"的界面。认真阅读这七条声明并在每一条前面的方框内打钩，然后单击"同意已选择的条款"按钮。

二、小红书平台介绍

小红书创办于2013年，其通过深耕UGC（用户创造内容）购物分享社区，在短短4年里便成长为全球最大的消费类口碑库和社区电子商务平台，成为200多个国家和地区、5 000多万年轻消费者必备的"购物神器"。

小红书是一个网络社区，也是一个跨境移动电子商务平台、一个共享平台，更是一个口碑库。小红书的所有用户既是消费者，又是分享者，还是同行的伙伴。在小红书里，没有铺天盖地的商家宣传和推销，只有依托用户口碑写成的"消费笔记"。在这里，产品介绍不仅真实可信，还展现了多元的生活方式，传递着美好的生活理念。2014年年底，小红书开通了电子商务平台，自此，用户便能直接在小红书上购买到来自全世界的优质商品。

2017年6月6日，小红书周年庆当日，其商品的交易额在开卖2小时后达到1亿元。小红书在苹果App Store购物类下载排名第一，成为中国发展最快的创业公司之一。小红书App界面如图10-20所示。

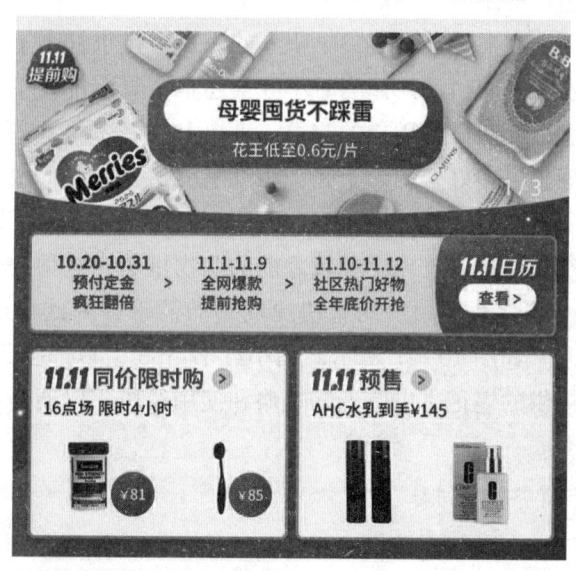

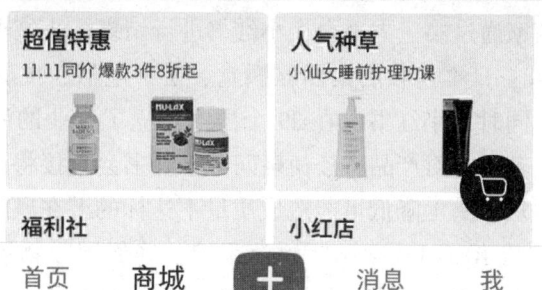

图10-20　小红书App界面

截至2021年11月，小红书月活跃用户数超过2亿人，其中"90后"和"95后"用户最为活跃。在小红书社区，用户通过文字、图片、视频笔记的分享，记录下时代的脉搏与生活的痕迹；小红书则运用机器学习，在用户与海量信息之间进行精准、高效匹配。

目前小红书主要包括两个板块：UGC（用户创造内容）模式的海外购物分享社区和跨境移动电子商务"福利社"。与其他电子商务平台不同，小红书从社区起家，海外购物分享社区已经成为小红书的重点业务范畴，拥有其他平台难以复制的优势；而"福利社"则采用B2C自营模式，直接与海外品牌商或大型贸易商合作，通过保税仓和海外直邮的方式将产品发货给用户，满足不同的用户需求。

凭借活跃的社区以及正品保障的自营模式，在"福利社"上线半年时，小红书就实现了7亿元的销售额；半年里，小红书不仅完成了从社区到电商的升级蜕变，还成了跨境移动电子商务领域的主力军。

1. UGC（用户原创内容）模式的海外购物分享社区

2013年6月，小红书被创立，致力于让人们"逛遍世间好物，从此不花冤枉钱"的营销策略。2013年年底，小红书香港地区购物指南App上线，由于上线的时间正好是圣诞节前夕，很多要去香港的人会去App Store上搜索关于香港购物的应用，小红书便成了不少用户的选择，这些用户就是小红书最早的种子用户。

在不断的运营中，小红书逐渐发现最早积累的用户会在小红书上分享一些韩国、日本的购物经验，并会自发地发起讨论。而当时小红书还是主要定位在中国香港地区的购物指南，公司的编辑内容远远无法满足用户的需求，世界上的好东西太多了，只有更多地方的人参与分享，才能挖掘出更多好资源。于是，小红书决定做社区，做UGC。

在做UGC期间，用户的自发分享使小红书积累了大量的海外商品口碑数据以及体量巨大的用户群。但小红书很快就发现，相较之前的购物指南，这种方式虽然在内容上更加充实，但也更加繁杂，难以满足用户期望快捷购买的需求，为此小红书涉足电子商务领域，结果备受用户欢迎。如图10-21所示，在小红书App上以"笔记本电脑"为关键词进行搜索，会出现用户提供的笔记本电脑选购攻略和使用经历，以便为其他用户的选购提供参考。

2. 跨境移动电子商务"福利社"

小红书实行品牌授权和品牌直营模式并行的战略，以确保用户购买到的都是正品。如今，越来越多的品牌商家通过第三方平台在小红书进行销售，小红书已与澳大利亚保健品品牌Blackmores、Swisse，日本药妆店集团麒麟堂、松下电器、虎牌、卡西欧等多个品牌达成了战略合作协议。同时，小红书已在29个国家建立了专业的海外仓库，并在仓库设立了产品检测实验室，若用户对产品有任何疑问，小红书会直接将产品送往第三方科研机构进行光谱检测，实现从源头上降低可能造成质量不达标的潜在风险。

2017年，小红书建成REDelivery国际物流系统，确保国际物流的每一步都可以被追溯，用户可以在物流信息里查找到商品是由哪一列航班运送的。

图 10-21　用户在小红书上的购物经历分享

小红书还设立了保税仓备货，主要目的有三个：首先，它缩短了用户与商品发出地之间的距离。如果通过海外直邮等模式，用户一般要等一个月才能收到货，而在小红书，用户下单后两三天就能收到。其次，从保税仓发货也可以打消用户对产品质量的顾虑。在这里，中国海关会对所有进口商品进行清点、检验、报关，在缴税后才予以放行。最后，大批量同时运货也能节省跨境运费、摊薄成本，从而降低消费者购买商品实际付出的价格。在去除中间价和跨境运费之后，小红书基本能使商品售价同其来源地的价格保持一致，甚至有时还会因为出口退税等原因低于当地价格。

小红书自诞生伊始，就根植于用户的信任。因为，不论是从货源、送货速度，还是在外包装上，取得用户信任、创造良好的用户体验都是小红书一贯坚持的战略。

第三节　跨境审核认证及跨境监管

跨境移动电子商务的交易，涉及不同的国家和地区。而不同的国家和地区的贸易、税收等政策都大不一样，消费者的习惯和经营者的诚信意识，都有很大差别。跨境移动电子商务面临的首要问题是如何做到跨境审核认证及跨境监管。

一、跨境审核认证

跨境移动电子商务的发展对市场主体的传统内部管理和外部行政监督都提出了更高要求。

市场经济就是信用经济，在各种信用之中最重要的就是当事人的合法身份。作为发达市场经济形式的跨境移动电子商务，其交易过程都是在交易双方事先不了解、交易期间不见面的过程中完成的，因而更强调对网上经营者身份的确认。因此，确认网上经营者的身份成为工商部门管理跨境移动电子商务时的最大任务。

新兴市场领域的组织或个人的身份比较复杂，既可能是已取得合法准入资格的传统企业或个人，也可能是单纯利用移动互联网开展商务活动的新兴单位或个人。在这里，新出现的市场主体和传统的市场主体都依然需要进行跨境移动电子商务经营者登记。因此，如何加强对登记主体资质的审核，如何进一步完善登记程序等便成为工商部经济户口管理中需要认真研究的新问题。

同时，国内与国外的用户都要接受审核认证，由我国各驻外经商机构协助各国当地的经营管理机构为我国通过跨境移动电子商务开展业务的企业办理登记注册手续，并为其发放许可资质证明。这为跨境移动电子商务的正规运作提供了保障。

我国对于进出口货物要进行跨境统一检验、检疫，在保证进出口商品质量的同时提高我国商品的品牌形象。跨境移动电子商务系统的相关审核认证需建立合理且明确的标准，跨境移动电子商务系统建立的相关审核认证包括以下几部分：

（1）跨境移动电子商务系统的安全审核认证，应由国家技术主管部门主导实施。

（2）系统开发者的能力检验、系统开发的系统测试报告检验，应由国家技术主管部门来主导实施。

（3）跨境移动电子商务销售的商品审核认证，应由国家质量检验部门来主导实施。

（4）人员审核和认证，应由国家公安部门来主导实施。

（5）支付审核和认证，应由国家中央银行来主导实施。

（6）物流的审核和认证，应由国家交通与工商部门来主导实施。

二、跨境移动电子商务监管

1. 监管目标

移动互联网市场存在虚拟性、流动性、隐匿性、无国界性等特点，使用世界上的任何一台联网的移动智能终端都可以参与跨境移动电子商务活动，有时一笔移动互联网交易可能涉及多个国家或地区。这样势必会产生许多由于信息模糊，与人的预期不一致而难以高效合作的现象，如信息发布在哪个国家的服务器上，使用的是哪个国家的系统，在哪个国家进行支付，物流又是使用哪个国家的，商品运输是从哪国到哪国等，这些问题都需要各国政府联合制定相关法规政策加以监督引导，从而规范市场操作。

具体来说，跨境移动电子商务系统监管的目标包括以下几个方面：

(1)信息流监管，如内容是否真实。

(2)资金流监管，如资金流动是否有违法行为。

(3)用户信誉度监管，包括对卖家与买家的监管。

(4)产品质量监管，包括是否合法生产以及质量是否合格。

(5)物流监管，实时监控物流的位置以及流向。

(6)价格监管，如是否有虚抬物价的行为。

(7)安全监管，包括系统安全、交易安全、执法安全等。

(8)信用监管，信用是现代商务的重要保证。从层级上，信用可以分为国家信用、企业信用、个人信用三个级别。当前，信用监管应是以跨境移动电子商务为契机推进跨境移动电子商务企业的评级和征信建设，在各个国家建立我国自己的评级机构和征信机构，做到用严格统一的标准来评估跨境移动电子商务企业。

2. 监管的建议

(1)监管需要复合型人才。跨境移动电子商务是一种知识含量高的技术经济，相关人员在对其监管时既要懂法、更要会执法。这就要求管理人员不仅要学习掌握多方面的知识(包括计算机及移动互联网知识、跨境移动电子商务实践知识、物流管理知识、工商行政管理法律法规知识，甚至还应了解国际法律法规、外语等方面的综合知识)，更要能将传统的经济监督管理经验和各项法律法规综合运用于跨境移动电子商务监管，切实解决跨境移动电子商务中出现的各种新问题，适应新经济发展的要求。

因此，要针对当前跨境移动电子商务形势，开展有针对性的移动互联网知识和跨境移动电子商务监管业务技能培训指导，培养一批既精通工商业务，又掌握移动互联网经济知识的复合型人才，提高工商行政管理部门人员对移动互联网经济的综合监管能力。只有有计划、分步骤地培养适应监管要求的复合型人才，工商部门才能担负起维护跨境移动电子商务秩序的重任。

(2)建立全球一体化格局。世界各国、各地区目前对跨境移动电子商务的监管还处于制定政策、鼓励应用与发展的阶段。这需要通过鼓励探索和自主创新，加强对移动电子商务的政策性规范和引导，来调动企业或个人通过跨境移动电子商务进行交易的积极性，保持跨境移动电子商务的健康有序发展。

随着行业的发展和监管体系、法律法规的不断完善，一套适应跨境移动电子商务的新型监管模式和信用体系将得以建立。

(3)统一的法制环境与协调机制。跨境移动电子商务可以涉及多个国家，而现实市场中法律的有效性是以地域疆界来划分的(世界各国、各地区的法规和规章都只能在本国或本地区行政区域内发生作用)，这就形成了行政分割、各自为政的局面(世界各国、各地区行政职能部门对跨境移动电子商务监管中所依据的一些政策、法规不尽相同，对同类的问题相关行政人员所做出的具体处理往往存在差距，甚至对于同样的法律法规，各国、各地区管理部门的理解和操作也不尽相同)。于是，随着跨境移动电子商务的发展，虚拟移动互联网本身的不确定性正在不断被放大，传统的监管方式已不合时宜。因此，打造各国、各地区监管部门相互交流的信息平台，实现资源共享，降低监管成本，形成执法合力，推动跨境移动电子商务监管一体化发展的进程刻不容缓。

（4）发挥非政府组织等社会团体的指导作用。仅靠政府和行政管理部门的强制力来加强对跨境移动电子商务监管是远远不够的。政府在做好本职工作的同时，更应该发挥引导作用，培育行业协会和消费者保护委员会的独立职责。各个国家的商会、协会等社团组织应在职能范围内发挥指导作用。

①作为社会团体的协会组织更能亲近和了解跨境移动电子商务的交易双方，也就更能有效监督其业务操作的相关流程。

②通过简报等形式刊发行业信息，引导和规范行业自律。

③对于发现的违法违规跨境移动电子商务应用，通过增加其违法成本的方式，使其丧失发展空间，从而使一些追逐眼前利益的移动互联网经销商不敢违法。

（5）提高全民素质，提升行业自律和消费者鉴别能力。仅靠第三方的监管和指导是不够的，要真正规范跨境移动电子商务市场，最主要的还是要依靠移动互联网经销商和消费者，只有提高这两方面人员的素质，整个跨境移动电子商务市场才能真正得到规范和完善。应做到以下两个方面：

①加强素质教育，引导行业诚信经营和规范经营。只有移动互联网商家诚信经营和规范经营了，因信息不对称而引起的各类消费纠纷才会从根本上得以减少，整个跨境移动电子商务市场环境才能真正得以优化。而移动互联网商家诚信和规范的提升，需要整个国民经济大环境的提升来带动，因此，政府对国民素质教育的加强和对优质产品理念的倡导将起到决定性作用。

②提升普通移动互联网消费者在移动互联网消费时对产品的鉴别能力。消费者是跨境移动电子商务交易的终点，只有消费者提升了使用水平和鉴别水平，才能最终提升整个跨境移动电子商务的健康和可持续发展。为此，政府不仅要引导消费者在进行互联网消费时使用正规移动应用，还要加强对相关信息的披露，使消费者能够正确使用跨境移动电子商务系统，能够分辨出质量优秀的产品和服务。

（6）搭建社会监督和协调合作平台。虽然目前有一些移动互联网交易平台提供了信用评价等来约束和规范跨境移动电子商务，但更多的平台没有约束机制。针对此问题，搭建社会监督大平台不失为一个好的应对方法。社会监督大平台的建立，是通过对社会资源的整理，将部分政府职能进行延伸（如消费纠纷调解等问题），成立媒体曝光团、跨境移动电子商务信息披露平台、跨境移动电子商务商家评价系统等。有监督才有进步，搭建社会监督大平台将对规范跨境移动电子商务起到更好的促进作用。

三、政府在跨境移动电子商务监督中的作用

1. 政府在立法方面可发挥的作用

一方面，政府要立即着手解决移动互联网经济特别是跨境移动电子商务法律中的紧迫性问题。

（1）将散见于各部门的规定和办法等部门政策性文件合理整编及分类，通过综合性研究和探讨，将其上升为行政法规体系。

(2)对于现有跨境移动电子商务交易特别是跨境移动电子商务交易过程中遇到的产品侵权、交易欺诈、商品争议等问题,可以由全国人大、最高人民法院结合商务部、工业和信息化部、工商总局、税务总局等部门,针对现行法律法规做出修订、补充或者解释,以适应跨境移动电子商务运作新模式。

(3)针对跨境移动电子商务交易过程中出现的新问题,尽快制定市场准入、信用管理、安全认证、电子交易、在线支付、隐私权保护、税收、信息资源管理等方面的法律法规,以便于实质性的操作。

另一方面,要适应新形势,制定新政策,对跨境移动电子商务的应用探索与发展给予鼓励。政府还可以适当参考国外发达国家在跨境移动电子商务管理上的先进模式和管理体制。

政府立法部门应参考联合国《电子商务示范法》,借鉴发达国家跨境移动电子商务立法的现状,并在国内跨境移动电子商务平台服务商和银行等比较适合且具代表性的企业中试点推行,最终形成切合我国发展态势的跨境移动电子商务基本法。随着司法实践和立法水平的提高,逐渐形成由基本法、行政法规、司法解释和国际惯例相融合的跨境移动电子商务法律体系。

2. 管理部门要负起监管职责

工商行政管理等部门要积极负起对跨境移动电子商务进行监管的职责。

跨境移动电子商务监管是复杂的系统工程,涉及信息产业部、工商行政管理部门、公安部门、广播电视总局等政府部门,各职能部门的职责各不相同。其中,工商行政管理部门在跨境移动电子商务监管中,特别是在跨境移动电子商务交易中,具有举足轻重的作用。具体来说,有以下几项任务:

(1)统一行邮渠道通关流程,加强执法系统建设。针对跨境网购物品在邮递中呈现出邮包个体小、总量大、商品种类分散的特点,相关部门应对各类进出境物品的合理数量和相应的完税价格表等进行精细化界定,同时,全国各地海关应进一步统一对行邮渠道进出境监管的操作流程和执法尺度,进而提高海关的执法精度和廉政水平。

(2)加强海关与其他各个系统单位的联系,建立互惠互利、合作共赢的管理机制,实现从信息流、资金流和物流三方面对跨境移动电子商务进行综合监管。

首先,除海关外,跨境移动电子商务物品进出境还涉及商检、国税、外汇管理等多个国家政府部门,海关若能和其他政府部门实现统一联动、信息共享,这将有助于降低通关监管成本和监管风险,提升通关效率,为跨境移动电子商务的发展提供监管程序上的便利。其次,海关可与跨境移动电子商务平台实现政企合作,一方面海关可为后者提供通关便利,另一方面要求各平台对平台上的企业和商品加强审核把关,整合类似资源,规范相应程序,实现信息互通,最终实现统一申报、平台负责的机制。再次,海关可通过与银行的合作加强对跨境移动电子商务资金流的监管,规范跨境支付平台的行为,建立健全跨境支付的相关运行机制,为跨境移动电子商务的发展提供保障。最后,海关可加强与跨境物流企业的合作,在提供通关便利的同时,要求物流企业按照相应法律规范对收寄物品进行合理审查,并承担相应法律责任,筑起海关监管的第一道屏障。

(3)加强征税监管力度,运用企业信用分类评级制度,建立并完善风险管理机制。通过借鉴货物通关的模式,对经营跨境移动电子商务的各企业在行邮通关渠道上建立类似的信用分类评级制度,设立相应的评价指标,如经营规模、报关差错率、稽查验证记录、违规违法情况等,对跨境移动电子商务企业进行科学评价分类,并纳入现行的通关管理系统。这样，一方面可以丰富海关监管的方式，由单一的现场监管模式拓展为前期风险预警、中期现场监管以及后期稽查追责相结合的综合监管模式，保障国家税收足额入库；另一方面可以为建立风险管理机制提供信息支持，在减轻海关现场监管的工作压力的同时，提升整体通关效率。并且，将企业纳入信息化通关管理系统，可以解决跨境移动电子商务小额贸易无法获取结汇和退税资格的问题，降低行邮渠道的监管风险。

（4）加强舆论引导，协调海关与地方政府关系，推进政策宣讲，争取公众认同。海关在对跨境移动电子商务物品实施进出境监管措施的同时，可能会与地方政府大力推动跨境移动电子商务发展的政策产生矛盾，此时，海关应当主动与当地政府增强沟通，协调工作，实现地方经济利益和海关监管保障的双赢。同时，由于跨境移动电子商务直接关系到消费者的切身利益，部分政策措施容易引发跨境移动电子商务企业和消费者的误解与抵触。因此，海关监管政策措施应当及时向跨境移动电子商务相关企业和社会公众发布并解释，对相关企业的通关负责人员尤其应当展开定期的培训交流，以解除公众疑惑，争取舆论认同，减少政策推进的社会阻力。

（5）打造信息化监管系统，增强海关自身的监管力量。目前跨境移动电子商务主要通过行邮渠道进出境，海关要在行邮物品监管上引入信息化监管模式，开发相应的电子通关系统和辅助决策系统，以规范行邮通关模式，提升通关效率，减少一线海关人员（关员）的工作压力和执法风险。同时，还应当加强行邮渠道海关一线监管关员的培训与学习，拓展其相应的知识面，增强其业务能力，积累其现场监管的实战经验（如加强对进出口商品的归类、原产地的适用、海关估价等相关技术的提升与运用能力）。

3. 政府在跨境移动电子商务中承担作用的建议

（1）明确行政管理部门职责，强化行政指导与监督检查。行政管理是各国有效管理跨境移动电子商务的手段之一，中国也应明确各相关行政职能部门的职责，加强对跨境移动电子商务的有效监管。政府和行业的主管机构应加强跨境移动电子商务宏观总体指导，国家发改委、商务部、科技部、公安部、国家市场监督管理总局等部委应从不同角度扶持和监管跨境移动电子商务进程，而对具有跨境移动电子商务监管职能的工商行政管理部门而言，更应强化工商部门在跨境移动电子商务监管中的主力军作用。工商移动互联网经济监管工作要立足于"服务、监管、维权"三大职能，落实工作机构，加强能力建设，更要进一步梳理跨境移动电子商务监管实际需要，以信息化为依托，探索建立移动互联网经济监管与服务机制，整合各地工商部门资源，规范移动互联网经营主体及其经营行为，实现执法协作、区域联动，维护消费者、经营者的合法权益，促进全国跨境移动电子商务和谐发展。

（2）分类监管不同移动互联网市场主体，建立不同的市场准入机制。移动互联网经营者一般可分为以下几类：

①移动互联网基础服务提供者，如互联网接入服务提供商（IAP）、移动互联网服务提供商（ISP）、移动互联网内容提供商（ICP）、支付中心等移动互联网中介服务提供者。

②已经取得纸质营业执照，为拓展业务自己设立移动应用或利用他人移动应用，从事经营的企业、单位、个人，这就是所要研究的跨境移动电子商务业务。

③未取得纸质营业执照，自己设立移动应用或者利用跨境移动电子商务移动应用从事经营行为的个人。

第一类经营者的特点是营业场所相对固定，其身份确认的方式与传统经济中的身份确认方式并无明显不同，基本能做到证照齐全。对于第二类经营者的监管，则不需要再设立移动互联网市场准入关卡，因为其已经取得了合法的市场主体资格，设立不必要的门槛，不利于跨境移动电子商务的发展。但为了交易双方的公平，保证交易的安全性等实际需求，应该建立一套移动互联网市场主体登记自己身份信息的制度，使交易安全透明，让双方确切知道对方的真实身份和相关信息。对此，可以以数字证书和中介认证机构作为切入点。同时，还可以利用电子化营业执照信息容量大、查询方便的特点，将信息在纸质执照基础上进行扩充，如遵纪守法情况、交易信用情况等，使移动互联网交易方详尽地了解经营者的资信情况。此外，还可以引入相对独立的专业跨境移动电子商务认证机构，负责对商家进行调查、验证和鉴别，通过第三方认证，维护移动互联网交易双方的合法权益，尽可能使双方信息对等。第三类经营者目前发展势头迅猛，他们有别于传统的经营者，作为主管部门应在加强监管的同时设置简便快捷的准入机制，降低经营场地等硬性要求，并为其设置专业的电子化营业执照，并将其集成在经营者网页中以备随时查看，或者明确规定经营者在全国统一的移动应用内进行备案管理，以便随时查看。

（3）建立全国跨境移动电子商务监管协调机制，明确管辖原则和职责，在跨境移动电子商务领域实现一体化监管。在信息共享方面，应建立全国工商部门信息系统的共享联网。移动应用软件和数据库应从国家市场监督管理总局层面开发全统一的工商注册登记系统，结合日常巡查系统和信用信息系统等，实现全国信息数据库联网共享，为跨境移动电子商务一体化监管打下基础。虽然此项工作复杂性比较大，但是实施难度不大。在移动互联网监管中，建议实施分级、分段责任制，如按移动互联网服务器、智能移动终端所在地进行监管等。在实际工作中要加强协调和沟通，必要时请上级机关进行协调。

（4）应用现代科技手段，强化移动互联网监管职能。日益发展的跨境移动电子商务和漫无边际的移动互联网世界，工商部门依靠搜索工具对管辖区域经济户口的监管已经不能适应移动互联网经济复杂性的需要。因此，要加强现代科技的应用，在技术层面上加大投入，加快软硬件开发，建立监管移动互联网，实现"以应用管应用"，强化移动互联网监管职能。

强化移动互联网的监管职能，可从以下两个方面着手：

①加强对移动互联网经营主体的确认和掌握。

第一，对有营业执照企业的移动应用，启用电子执照。工商行政管理部门可以通过在登记、年检和日常检查中对移动互联网经营性企业进行备案，对这些企业发放电子执照，同时在企业移动应用上标注工商红盾标识，定期对其进行移动互联网巡检。通过企业在移动应用上亮照经营，使网上经营的虚拟企业和实体企业一一对应。

第二，对尚未取得营业执照的经营户，先进行移动互联网备案，运用移动互联网搜索技术，对属地工商管辖区域内市场主体开设的移动应用（一级域名移动应用）和从事经营活动而租赁开设的网页（二级域名网页）进行搜索，并将移动应用基本情况进行建档管理，纳入经济户口管理数据库中，成为与市场主体相关联的第二数据库，与市场主体一起纳入工商行政管理部门经济户口的日常监管中。

②提高移动互联网捕捉违法广告的效率与精准度。目前，全国各地都在尝试开发智能化监管系统，利用软件对移动互联网经营主体进行不间断的搜索和识别，一旦发现移动互联网违法信息，就自动记录并保存证据，发出警示信息，工商执法人员根据此类警示信息对移动互联网违法行为进行确认并予以查处，有效提高搜索精准度和效率。凡是有移动应用建档信息的企业，在工商基础管理系统中将自动标识为"移动互联网监管"属性，基层工

商干部在开展对企业的巡查时，系统会自动核对该企业相关移动应用在监管内容中的检查和录入。但是，这些系统依然存在一些诸如不能搜索、分析 Flash 广告和视频广告等方面的局限，且其开发成本较大，各地也存在一些重复开发的现象，为此应在国家市场监督管理总局层面上汇集各地成功开发经验并建立全国性的智能监管系统，且提供技术支持，由省级工商局负责运行并进行综合检测和协调，再层层分流到基层执法部门具体执行。

（5）搭建全球跨境移动电子商务消费者维权移动互联网应用。鉴于移动互联网交易中不受空间的限制，网上消费可能发生在相距甚远的两地，一旦消费者权益受损，会因诸多不便和提请损害赔偿成本过高而使权益得不到保护。而目前对跨地区的跨境移动电子商务消费纠纷，往往会出现消费者无处维权的情况。

现阶段，移动互联网的无限性与执法资源的有限性形成的矛盾将长期存在，单靠工商行政管理部门必定无法顾及跨境移动电子商务的方方面面，因此，要发挥广大群众的监督作用。所以，工商行政管理部门应搭建全国性的跨境移动电子商务消费者维权移动应用，使其成为监管移动互联网的延伸，实现网上巡查与移动互联网网民举报相结合的监管方式。作为跨境移动电子商务消费者维权移动应用，国家市场监督管理总局要统筹监管，而对投诉和举报对象在同一辖区内的，可采取三种办法来处理：一是转到同级的消费者权益保护部门或其他执法部门处理；二是协调到属地的基层工商部门进行调查和处理；三是通过电子邮件或电话告知其基本权益和依法解决的办法。而对投诉和举报对象不在辖区内的，可以通过系统流转到双方管辖地区工商部门，共同协调解决。

（6）要积极制定跨境移动电子商务的相关标准和规范。跨境移动电子商务标准的建立，应使各个国家通过多边的电子商务开展跨境贸易更加便捷，而不是设置更多的关卡，这样才能通过建立跨境移动电子商务系统来实现贸易全球化、全天化和智能化。

总之，跨境移动电子商务是一种新经济模式，其发展中存在一些问题也属正常，必须承认新事物有其历史的发展过程，本着积极引导、鼓励发展的原则，在不脱离现实管理体制和机制的基础上，更新理念、大胆尝试一些新的管理思路，分期、分步骤推进各项配套工作，保障跨境移动电子商务健康、有序、蓬勃地发展，以发挥跨境移动电子商务的后发优势，实现社会生产力的跨越式发展。

本章小结

随着全球互联网基础设施的迅速发展，当前跨境移动电子商务已经对国际贸易运作方式、贸易链环节等产生了革命性、实质性的影响。中小企业直接与全球消费者进行互动和交易，深入参与到国际贸易的各个环节，全球化红利的受益者更加广泛，各方收益也更加均衡。

跨境移动电子商务正在迅速发展，应该引起政府相关部门的高度重视。我国是跨境贸易大国，应该建立跨境移动电子商务征信体系，对个人和企业分别建立征信档案，综合考虑各种因素对其进行征信评级，实现对跨境移动电子商务的监管。

关键术语

跨境移动电子商务、跨境移动电子商务平台、跨境审核认证、跨境移动电子商务监管。

配套实训

1. 利用查阅书籍、网络搜索等方式，深入了解跨境移动电子商务平台及其业务流程。
2. 分析 Wish 平台和小红书平台成功的要素。
3. 结合 Wish 平台的开店步骤，选取一款产品，实际完成 Wish 店铺注册的所有流程，并记录下注册过程中所遇到的问题及解决方法。
4. 登录小红书 App，了解小红书 App 的业务流程。
5. 阅读跨境移动电子商务监管方面相关的法律，并结合具体企业进行分析。

课后习题

一、单项选择题

1. 我国第一个跨境移动电子商务平台是(　　)。
   A. 阿里巴巴国际站　　　　　B. 敦煌网
   C. 中国制造　　　　　　　　D. 天猫国际
2. 2022 年我国跨境移动电子商务的交易规模达到了(　　)万亿元人民币。
   A. 6.7　　　B. 4.2　　　C. 14.2　　　D. 15.7
3. Wish 平台移动端的优势是以(　　)为导向。
   A. 全球性　　　B. 技术　　　C. 降低成本　　　D. 互动性
4. 小红书平台的"福利社"采用(　　)自营模式。
   A. B2B　　　B. B2C　　　C. C2C　　　D. O2O
5. 在移动电子商务跨境审核中，国家中央银行主导实施(　　)的审核和认证。
   A. 商品　　　B. 人员　　　C. 支付　　　D. 物流
6. 各国有效管理跨境移动电子商务的手段之一是(　　)。
   A. 信息监管　　　B. 分类监管　　　C. 行政监管

二、填空题

1. 跨境移动电子商务的特点有_____、_____和_____。
2. 跨境移动电子商务是利用_____开展跨境移动电子商务的国际贸易新模式。
3. 小红书主要包括两个板块：_____和_____。
4. 跨境移动电子商务系统监管的目标包括_____。
5. 跨境移动电子商务信用监管，从层级上分为_____、_____和_____。

三、简答题

1. 设置保税仓有什么好处？
2. 跨境移动电子商务系统建立的相关审核认证包括哪些？
3. 跨境移动电子商务具有哪些特点？

参 考 文 献

[1] 张国文，马涛. 移动电商：商业分析+模式案例+应用实战[M]. 北京：人民邮电出版社，2015.

[2] 郭海佳. 21世纪电子商务物流管理与新技术研究[M]. 北京：中国水利水电出版社，2017.

[3] 秦天福. 移动支付终端安全技术探析[J]. 中国信息化，2022(12)：75-76.

[4] 张冠凤，邱新泉. 移动电子商务[M]. 南京：江苏大学出版社，2017.

[5] 葛晓滨. 移动电子商务教程[M]. 北京：中国科学技术大学出版社，2014.

[6] 刘震，王亚锋. 我国移动支付发展模式与创新研究[M]. 北京：电子工业出版社，2022.

[7] 李媛. 移动电子商务发展模式的新思考[J]. 商业文化，2020(25).

[8] 邓堃. 移动电子商务互动营销及应用模式[J]. 中国集体经济，2017(6)：87-88.

[9] 赵雪. 移动电子商务价值链竞合关系研究[D]. 贵阳：贵州大学，2016.

[10] 郭洋. 浅析移动电子商务支付模式[J]. 中国管理信息化，2016(8)：145.

[11] 卫斌. 移动电子商务互动营销及应用模式[J]. 现代营销（下旬刊），2018(1)：158.

[12] 廖卫红，徐选华. 移动电子商务中消费者购买行为决策影响因素分析及实证研究[J]. 改革与战略，2016(8)：113-118.

[13] 郭慧兰. 移动电子商务用户行为分析系统的研究与实现[D]. 重庆：重庆邮电大学，2016.

[14] 李娜. 移动互联网背景下的电子商务营销及应用[J]. 商业经济研究，2016(9)：51-53.

[15] 王艺多. 移动电子商务环境下的消费行为研究[J]. 通讯世界，2019(3)：10-13.

[16] 周建波，李布凡，万丹. 移动电子商务发展的趋势[J]. 绿色科技，2018(23)：21-23.

[17] 赖麟. 大数据技术在跨境电商领域的应用[J]. 中国高新科技. 2021(24).

[18] 马宁. 电子商务物流管理[M]. 2版. 北京：人民邮电出版社，2017.

[19] 廖娟，阮运飞. 大数据时代电子商务安全与数据分析平台分析[J]. 电脑知识与技术，2019(30).

[20] 余秋菊. 移动电子商务互动营销及应用方法探析[J]. 商场现代化，2020(18).